先生、脳のなかで自然が叫んでいます！

［鳥取環境大学］の森の人間動物行動学

番外編

小林朋道

築地書館

はじめに

本書は、「先生！シリーズ」の〝番外編〟である。なぜ、私は〝番外編〟を書いたのか？本家「先生！シリーズ」と何が違うのか？………そういったことについて、「はじめに」でお話ししたい。そこには、私がこれまで誰にも語ることのなかった、深い、深い、（ほんとはあまり深くない）思いがあるのだ。

私は、自然豊かな山村で育った。まわりに野生生物がたくさんいたのだ。そして、父親が生物が好きだった。そんなこともあって、私は、気がついたときには、生物、特に動物が大好きな少年になっていた。

当然のことながら父に頼んでイヌを見つけてきてもらい、飼うようになった（世話はもっぱら母と兄がやってくれていたような………）。私はイヌ（トムという名前をつけていた）と一緒に山深く分け入ったり、家の近くの山林や川や田畑（いわゆる里山）を駆けまわったりした。

もちろんトムばかりと過ごしたわけではない。父が買ってきてくれたカナリアや、私が野山で捕まえた昆虫、カエル、イモリ、いろんな動物が私とつきあってくれた。兄や友だちとも野山や川でよく遊んだ。

ところで、父は小学校や中学校の教員をしていたため、先祖代々受け継いだ田んぼや畑、そして広い山林の管理は休日に集中してやらなければならなかった。そして父は、子どもの教育について次のような信念をもっていた。

「子どもは家族のなかで、自分にできる役割を担い、それを果たすなかでよりよく成長する」

（結構、都合のよい信念を考えついたものだ、と思うが、悪くない信念だとも思う。）

これらの状況が合体するとどうなるか。読者のみなさんも容易に想像できるだろう。

父の判断では、幼稚園に通っていた段階で、すでに小林少年は、田んぼや畑、山での仕事が手伝える年齢だった。

休日といえば二人の兄と一緒に、田んぼに、畑に、そして山に行ったものだ。山では、スギの苗を植え、苗の周囲の草を刈り、枝打ちをし、雪で傾いた幹を木やロープで垂直にした。

幼少の小林少年（三男坊！）にとっては結構、大変な休日だった。

野山を駆けまわっていたころの小林少年と愛犬トム。トムと一緒に山深く分け入り未知の場所を探検したり、家の近くの山林や川で遊んだりした

でもそんな生活は私に、自分だけではできなかったであろうたくさんの貴重な体験を与えてくれた。じっくりと自然と向き合うからこそ発見できるいろいろな生物と出合うことができた。そして、仕事の合間に父が、出合った生物についていろいろなことを教えてくれたのだ。まー、生物まみれの生活だったと言ってもいいかもしれない。

一方で、小林少年は子どものころから「理屈」が好きだった。目や耳にする事物事象を因果関係にそって言葉で表現するのが好きだったのだ。

父はそんな私の性格を知ってか知らでか、『シートン動物記』などの動物ものの本をたくさん買ってくれたり、当時はめずらしかった科学の雑誌を毎号購入してくれたりした。

小林少年は擦りきれるくらい読んだ。生物をめぐる「因果関係」の世界が広がっていく思いがしたのだ。

そんな私が大学で、「動物行動学」という学問を知って飛びつかないはずはなかった。

当時の動物行動学は、新興の生物分野であり、科学界の注目も浴びながらぐんぐん成長していた。

虫、魚、鳥、哺乳類………さまざまな動物の行動や心理について、「進化の仕組みに照らすと、それぞれの種《しゅ》本来の生息地での生存・繁殖がうまくいくように組み立てられているはずだ」（〝組み立てられている〟というのは、行動や心理を生み出す脳内の神経の配線のつながり方がそうなっている、という意味である）という統一的な理論を携えて、野外や実験室で、まさに動物の息づかいを感じるくらい動物に密着して調べる一方で、それまでになかった新しい因果関係を説明する骨太の理論を次々と発表していた。

やがて私は高校の生物の教員になったのだが、シベリアシマリスをはじめ、カナヘビ、キュウカンチョウ、シクリッド（中南米、アフリカから中東、南アジアに生息する淡水魚・汽水魚）などを対象に、今思えば、ひたむきに、動物行動学をやっていた。もちろん教育活動の合い間に、あるいは教育活動に利用しながら。

そして、ここから本書の執筆につながる話題になるのだが、勤務校が遠くなり、電車で通うことが増えてきた私のなかに、動物行動学の新しい対象が現われ、だんだんとその存在感を増していったのだ。

その動物とは、………「ヒト」であった。

当時、ヒトの動物行動学（人間行動学あるいはヒューマン・エソロジー）の第一人者としてはオーストリアのアイブル・アイベスフェルトと、イギリスのデズモンド・モリスが知られていた。

両者とも、一九七三年に「動物行動学という学問の樹立」という、ちょっと異例の業績でノーベル生理学・医学賞を受賞した、いわば動物行動学の父（コンラート・ローレンツ、ニコ・ティンバーゲン、カール・フォン・フリッシュ）の一番弟子だった。つまり、アイブル・アイベスフェルトはコンラート・ローレンツの、デズモンド・モリスはニコ・ティンバーゲンの弟子だったのだ。

私は、ヒトについての論文を書きはじめたころ、そのなかの一つをアイブル・アイベスフェルトが審査してくれ、別の論文をデズモンド・モリスが審査してくれた（論文が学術雑誌に掲載されるためには、数人の審査員から、その論文が価値あるものだ、と認められなければならないのだ）。両者とも、私の論文を「大変価値がある」と評価してくれ、その判断のおかげで学術雑誌に掲載された。いや、二人とも見る目がある（正直、めちゃめちゃうれしかった）。

そういった出来事も、私がヒトの動物行動学をさらに深めていくきっかけになったような気がする。

ところで、私は、人間行動学に入っていく前、そしてその後も一貫して、あることを心に決めていた。

それは、「〝ヒトの精神（脳の活動が生み出す行動や心理や思考の集合）と自然とのつながり〟について研究する」ということであった。

「ヒトの精神と自然とのつながり」………それは、自分自身の体験から、そして、進化の仕組みを基盤にすえた理論的考察から、ヒトの本質を理解する重要な鍵だと感じていたのだ。そしてなにより、故郷での子どものころの思い出が、私に、「そうだ、それを研究せよ」と言い、私は「うん、やりたい。必ずやる」と答えていたのだ。


お墓に供えるキキョウやオミナエシを採りに兄と奥山に行き、周囲が一望できる山の頂上で、花を切りとりながら感じた植物の心地いいニオイ、飛び交うシジミチョウの美しさ。

父や兄と、真夜中の川を、アセチレンガスの光で照らしながら移動し、眠っている大きな魚たちを網ですくったときの感覚。網のなかで魚が跳ね、腕に伝わる重み。

愛犬トムと一緒に、山中の未知の場所を探検し、野山を駆けまわり、枯れ草の上に寝転んでトムに顔をなめられながらじゃれあった、あの空をつき抜けるような幸福感。

あげれば切りがない。自然や生物とのふれあいは、私のなかに眠っていた大切なものを目覚めさせて、引き上げ、伸ばしてくれた。そしてそのなかには、単なる、生物についての知識や直感的な洞察力だけではなく、もっと深い普遍的な力も含まれていたように思うのだ。たとえば今でも、何かの問題の本質を思考で追っていくとき、かすかな手がかりを脳の片隅に発見し、引き寄せ、拡大し、解体する……そんな思考の作業にも、自然や生物とのふれあいは力を与えてくれているように思うのだ。

自然のなかの事物事象は、それはそれは多様で、繊細に変化する。そんな対象を前に、脳は五感を駆使しながら、その正体を知ろうと、因果関係を探ろうと、喜んで挑んでいくのだ。

さらに思うのだが、私自身が自分のなかに見出す「よい」と感じられるもの（思いやりとか公平さなど）も、本来ヒトの脳に備わっているものが自然とのふれあいを受けて活性化したものではないだろうか。その活性化を後押しする一番目の体験が「ヒトとヒトとのふれあい」だとすると、「ヒトと自然とのふれあい」は一・五番目くらいになるのではないだろうか。

ちょっと話がずれてきた。

本書の話だ。

もうおわかりだろうか。本書は、私がずっと胸に抱えてきた「ヒトの精神と自然とのつながり」についての一つの答えなのである。けっして十分な答えとは言えないが、それなりにいくつかの角度からの考察によって、「ヒトの精神と自然とのつながり」の本質を浮き彫りにしようとした試みなのだ。

ちなみに、「ヒトの精神と自然とのつながり」について（これまでも断片的には書いたことはあったが）まとまった形で一冊の本として書こうと思ったのは……、そろそろ機が熟したと思ったからである。一七年前に、〝野生生物の生息地の保全〟が私の使命となる鳥取環境大学に勤務するようになり、また、私自身の研究も含め世界中で「ヒトの精神と自然とのつながり」に関連した研究が進んで科学的知見も増えてきたのだ。環境問題の根源である自然破壊の原因はヒトの活動であり、それなら、「ヒトの精神と自然とのつながり」について理解を深めることは、環境問題の解決に不可欠なことではないだろうか。そう思ったことも理由の一つだ。

それと、本書を書こうと決めた別の面からの理由として、「私に、わかりやすく文を書く力が、それなりについてきたかな、と思えるようになった」という点もある。その力が少しずつついてきたのは「先生！シリーズ」を書きつづけてきたことにもよると思う。

「先生！シリーズ」の番外編という形をとったのも、専門書では伝わりにくい内容を、わかりやすく表現したいという思いがあったのだ。たくさんの方に、わかりやすい文章で（とはいっても本家「先生！シリーズ」よりは硬いけれども）お届けしたいと思ったのだ。

さて、「はじめに」も終わりに近づいてきた。

最後に、本書をお読みいただくうえで、前提として知っておいていただきたいことをお話ししたいと思う。

それは、「本書はあくまでも動物行動学の立場から、ヒトの精神と自然とのつながりについて書いたものだ」ということである。

動物行動学であるということは、考察の根底には、前半で書いた次のような原理があるということだ。

「進化の仕組みに照らすと、（行動・心理を生み出す脳は）それぞれの種本来の生息地での生存・繁殖がうまくいくように組み立てられているはずだ」

たとえば、「昼間は洞窟で、同種同士が寄り集まって天井からぶら下がって休息し、夕方になると洞窟を飛び出して、河川敷上空などを好んで飛翔して虫を捕らえる」という生活を送るモモジロコウモリの脳は、その生活に適応し、「超音波を解析して物体の形や移動状況を把握し、同種をニオイで識別してコロニー仲間に接近し、フクロウの鳴き声を認知して逃避や地上の隠れ場所に一時避難する」行動・心理を生み出すように組み立てられている。

モモジロコウモリ本来の生活に適応した脳を有している、ということだ。

これと同様に、「ヒトの脳も、ヒト本来の生活に適応した（つまり生存や繁殖がうまくいくような）自然に対する認知や行動・心理を生み出すように組み立てられているだろう」という原理を前提にして本書は書きすすめられている。

たとえば、一例だけざっくり言うと……。

ヒトの脳は〝ヘビ〟に対して敏感に反応する神経回路をもっているようだ。ドイツのマックス・プランク認知脳科学研究所のステファニー・ホッヘルたちは二〇一七年、生後六カ月の赤ん坊を対象にした実験で、ヘビを見ると瞳孔が瞬時に大きく拡大することを発表した（ヘビ以外の生物、魚や花などへの反応も調べて比較している）。一方、世界的に著名な人類学者ジャレド・ダイアモンドは、世界各地の未開の自然民を調査し、死亡理由の上位に、〝毒ヘビに咬まれる〟ことがあげられると明らかにしている。それは、〝ヘビ〟に対して敏感に反応する神経回路を備えていることが、ヘビの発見やヘビへの警戒心の増大をもたらし、ヒトの生存に有利だったことを示しているのではないだろうか。「ヒトの脳も、ヒト本来の生活に適応した（つまり生存や繁殖がうまくいくような）自然に対する認知や行動・心理を生み出すように組み立てられている」からではないかと考えられるのだ。

このような動物行動学の原理を貫いた考察は、本書において一貫している。それは読んでいただければおわかりになると思う。

ちなみに読者のみなさんは、ここで、次のような疑問をもたれるかもしれない。

モモジロコウモリの本来の生活というのはわかりやすい。では、ヒトの本来の生活というのはどんなものなのか。今、世界中を見わたすと、ヒトはいろんな生活の仕方をしているではないか。

このような疑問をもたれたとしたら……あなたは、えらい！

この疑問は人間行動学においても、進化生物学においても、重要な点と考えられている。そして、これまでの研究でほぼ一致している「（ヒトが適応した）ヒト本来の生活」として、次のような表現をしている。

「(ホモ・サピエンスの歴史、約二〇万年の九割以上を占める時代において一貫して続けてきた)自然のなかでさまざまな野生動植物を獲得して食料にした狩猟採集の生活」

狩猟採集の場所は、ホモ・サピエンス誕生のときから、世界中へと広がるなかで、どんどん増えていっただろう。サバンナ、森、海辺、雪原……。しかし、「自然のなかでさまざまな野生動植物を獲得して食料にした狩猟採集の生活」という点は、農耕や牧畜が始まった(諸説あるが、長いほうを採用して)約二万年前までは不変であっただろう。

農耕・牧畜の始まりと拡散以降、それらの生活への遺伝的な適応も起こってきたと考えられているが、ヒトの精神の基本構造は、自然のなかでの狩猟採集に遺伝的に適応していると考えるのは科学的に妥当だろう。

あー、またまた、ちょっと硬い話になってしまった。

でも、本文は結構読みやすい文章になっているはずだ。

嘘だと思われるのなら、あと五ページめくって本文を読んでみていただきたい。

そして、「自然がわれわれに与えてくれる恵み――衣・食・住・薬・エネルギー、災害の抑制………以外にも、〝精神〟にとってどれだけ重要か」「自然が〝精神〟の進化的形成にどれほど大きな影響を与えているか」について感じていただければ幸いである。

小林朋道

二〇一八年六月五日

◆目次

第1章

もし、あなたがアカネズミだったなら？

「擬人化」はヒトの精神と自然とのつながりを醸しだす

まずは、タイトルにある「擬人化」について（硬い表現で恐縮だが）〝定義〟をしておきたい。ヒト以外の生物に対する擬人化を次のように定義する。

「相手の生物のなかに、人と同じような感情や心理があると考え、その生物の習性を理解する」

たとえば、シロクマが餌であるアザラシに近づくときのやり方を推察するとき、〝**私がシロクマだったら**どのようにして近づいていくだろうか〟と想像し、草むらに隠れたトノサマガエルを探すとき、〝**私がトノサマガエルだったら**どこに隠れるだろうか〟と考え、彼らの行動を推察する。つまり、シロクマやトノサマガエルを人間としてとらえて観察するのだ。

＊　＊　＊

第4章でもお話しするが、私は、子ども（子どもでなくても大人でもよいのだが）に、生物について何かを理解してほしいとき、この「擬人化」を利用することがある。

このコナラの子どもが育つためには十分な光が必要だけど、大きな木が葉を茂らせていて光がさえぎられるんだ。そんなとき、みんながコナラの子どもだったらどうする？

たとえば、小学校二年生を対象に「虫をとってすみかをつくろう」という授業を行なうとき、**「みんながもし虫だったら、**暮らす家にはどんなものがほしい?」と聞く。

小学生を集めて、学生たちと一緒に自然教室を開き、森のコナラの幼木の生き方を説明するとき、「コナラの子どもが育つためには十分な光が必要なんだけど、大きな木が上のほうで葉を茂らせていたら光がさえぎられるんだ。そんなとき子どもはどうすればいいだろうか? **みんながコナラの子どもだったら**どうする?」と聞く。虫やコナラの子どもを人におきかえて考えるのだ。

ちなみに、前者の質問については、子どもたちに「水や食べ物、休むところ」を思いついてほしいし、後者の質問については、「○○して、光がよく当たる場所に移動する」という解決法を思いついてほしい。もちろんそれ以外の自由な発想も大歓迎だが(自然教室については、第5章をお読みください)。

少し話がそれるが、後者の「○○して、光がよく当たる場所に移動する」という解決法については、ちょっとだけ、私が行なった研究を述べさせていただきたい。

私は、**森で調査をしていて腹が減ったときは、**その森のなかにスダジイがあれば、地面を探してスダジイの堅果《けんか》（堅果とはドングリのこと。そしてドングリは、スダジイのドングリ、クヌギのドングリ、コナラのドングリ……と言うように、ブナ科コナラ属の樹木の種子の総称なのだ）を食べる。

外側の殻を割り、中身を食べるのだ。味………？　**それがとても美味しい。**市販のナッツ類に比べても遜色ない。

一方、**コナラやクヌギのドングリは………渋い！**　ドングリのなかに含まれるタンニンと総称される物質がその原因だ。

そしてもう一つ、スダジイのドングリと、コナラやクヌギのドングリの違いは、その大きさである。スダジイのドングリに比べ、コナラやクヌギのドングリは大きいのである。

では、なぜスダジイのドングリと、コナラやクヌギのドングリではこのような違いがあるのだろうか。

最初に結論めいたことをバラしておくと、その答えは、「動物に

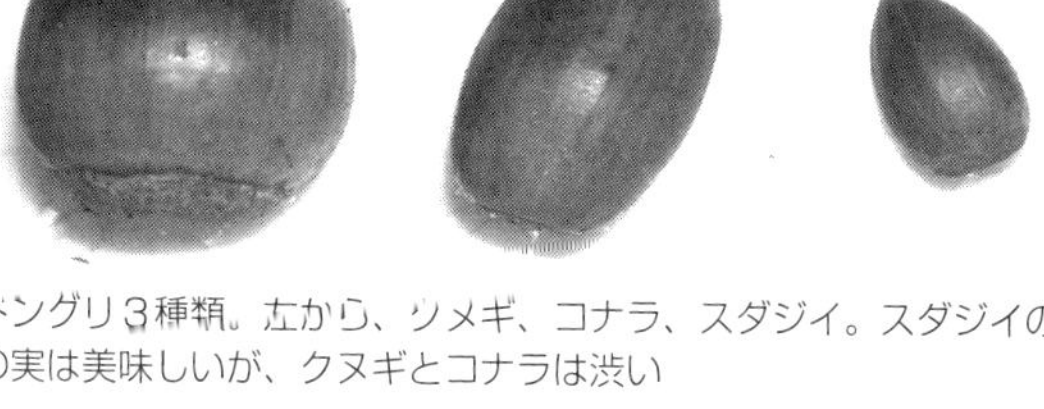

ドングリ３種類。左から、クヌギ、コナラ、スダジイ。スダジイのの実は美味しいが、クヌギとコナラは渋い

よる植物の利用」と「植物による動物の利用」（！）のからまりのなかにあるのではないか、というのが私の仮説だった。

　私は実験室にコンクリートブロックやレンガを持ちこんで、部屋の中央あたりに約一〇〇×六〇×高さ二〇センチメートルの区画をつくり、そのなかに土、枯れ葉などを入れて**〝林の地面〟を再現した。**

　また部屋の三カ所の隅には、〝林の地面〟が入った水槽（七〇×八〇×高さ六〇センチメートル）を一つずつ置いた（その三つの水槽には、〝林の地面〟の表面を覆うように一つずつコンクリートブロックを置いておいた）。

アカネズミがどこに巣穴を掘り、どこにドングリを貯蔵するかを確かめるための実験を行なった。このなかにアカネズミを放すのだ

そして、そこまでできたら、大学の林で捕獲した愛すべきアカネズミを部屋に放すのだ。

もちろん私くらいになると、**アカネズミがどこに巣穴を掘るか、**正確に予測できた。アカネズミは、水槽の〝林の地面〟の上に置いたコンクリートブロックと土の接点から掘りはじめるのだ。

ちなみに、完成した巣穴には部屋が少なくとも二つあった。一つは、なかに枯れ葉が敷きつめられていて、おそらく休息用に使われたのだろう。もう一つの部屋には、ドングリが、殻がむかれた状態で、あるいは殻がまだついた状態で貯められていた。アカネズミは、冬や早春（餌が少ない時季）の食料として、ドングリを二通りの様式で貯蔵する。一つは行動圏内の地面に埋めるというやり方、もう一つは巣穴のなかに貯めるというやり方だ。

実験では、中央のブロック囲いの土の上に、いろいろな**ドングリ（コナラ、クヌギ、スダジイ）およびヒマワリの種子を置いて、アカネズミがそれらをどうするか**を調べたのだ。ヒマワリの〝種子〟と、コナラなどの〝ドングリ〟とは、「親木から栄養をもたせてもらった胚」という意味では、本質的には違いはない。

しつこいようだが、私くらいになると、それまでの自然のなかでの体験や観察から、アカネズミの大まかな反応はある程度、予想できた。

主要な行動は二通りあり、一つは「それらが置かれていた場所で、すぐに殻をむいて食べてしまう」、もう一つは「部屋の隅に置いた、土を入れて枯れ葉を乗せた水槽までくわえて運び、その土中に埋める」である。

室内での実験のメリットは、なんといっても、提示したドングリ（そしてヒマワリの種子）のほとんどについて、アカネズミがどうしたかを確認できるところだ。アカネズミ一個体について一週間ほどの実験が終わると、土をくまなく掘り返し調べるのだ。それを何個体かで調べる。

ヒマワリの種子を、その場で殻をむいて食べている。動画から切りとったので、画像が粗くてスイマセン

土に埋めた場合には、どれくらいの深さに埋めたかもわかるし、殻をどの程度むいて埋めたかもわかる。

さらに、埋める前にドングリの一部を齧《かじ》ったかどうかもわかる（しばしばアカネズミは、ドングリのとがった部分を、えぐるように齧りとってから埋める。そうしておけば、ドングリが発芽して、せっかくドングリ内に含まれている栄養分が消耗されてしまうのを抑制することができる……と考えられている）。

論文ではそういった細かい分類まで行なった結果（そしてそれを見事に分析した考察）を書いたが、長くなるので、ここでは実験からわかった最も重要な内容だけをザックリお話しする。

クヌギのドングリを口にくわえて運びはじめた

実験の結果わかった、興味深いことの一つは次のようなことであった。

「スダジイのドングリとヒマワリの種子は、その場ですぐ殻をむいて食べられることが圧倒的に多く、コナラとクヌギのドングリは、水槽まで運ばれ、土に埋められることが圧倒的に多い」

さて、この事実はいったんここで保留にしておいて、少しだけ、**コナラとクヌギとスダジイの生活、特にこれらの樹の子どもたちの育ち方**に目を向けてみよう。

私はGPS（全地球測位システム）を使って、林のなかで、高さが一メートル以上三メートル未満の若木と、高さ一〇メートル以上の成木がどのような位置関係で存在しているかを調べたことがある。

その結果わかったことは、なかなか興味深かった。

スダジイは、**成木のすぐ近くにも若木**が育っているのに対し、コナラやクヌギでは、**若木は成木からかなり離れた、上空が比較的開けている場所**に生育しているという、はっきりとした傾向があったのだ。

つまり、コナラやクヌギでは、ドングリは、母樹から落ちて、その後、母樹から離れるように移動した可能性が高いということだ。

もちろん、コナラやクヌギのドングリが、**自分で、よいしょ、よいしょ、と移動**するわけもない。だとしたら、いったい**誰が、どのようにして、移動させた**のだろうか。

そこで犯人として浮かび上がるのが、先ほどお話しした、**ア・カ・ネ・ズ・ミ**である。

アカネズミがコナラやクヌギのドングリを、落下地点つまり母樹の周囲から、離れた場所に運んでいき、土に埋めたのではないか、というわけだ。

私は、これら一連の結果は、アカネズミの戦略によって、そして同時に、ドングリをつくる植物たちの戦略によって生み出されているのではないかと思っている（あーっ、もうこれはさっき言ったことだよね）。

コナラやクヌギは、幼木が育つためにはそれなりに明るい光を必要とし、一方、スダジイは、上方が木々の枝葉に覆われて少々暗くなっていても幼木は成長していけることがわかっている。つまり、コナラやクヌギのドングリは、母樹から落下したその場所では、母樹に光をさえぎられて結局、成長できないのだ。

そこで、コナラやクヌギは、自分たちがつくるドングリ（つまり子どもたち）に、アカネズミが**「よし運んで埋めて隠しておこう！」**という気分になるような性質をもたせたのではないだろうか。

ただし、**アカネズミをその気にさせる〝ドングリの性質〟**が何なのかは、まだはっきりとはわかっていない。考えられるのは、スダジイとの違い。つまりドングリのサイズ（大きいこと）と、ドングリが含む渋みである。

まず**「サイズ」**に関してである。

アカネズミに限らず、すべての生物は、より少ないエネルギーを費やして、より大きなエネルギーを得ることができるように進化している。〝効率がよいエネルギー獲得〟が進化的には有利なのだ。たとえば、アカネズミとドングリの場合だとこんな具合だ。

アカネズミが移動のために費やすエネルギー量（脚の筋肉のエネルギー消費なども含まれる）を考慮すると、小さなドングリを運ぶのは効率が悪い。割に合わない。小さいドングリには少ない栄養しか含まれていないからだ。

でも、だからといって大きすぎる（重すぎる）ドングリも、それを口でくわえて運ぶことを考えると効率が悪い。体力の消耗が激しすぎるからだ。そもそも重すぎて運べないかもしれない。自分がアカネズミになったと想像してみてほしい。より少ないエネルギー消費で、より大きいエネルギーを獲得しようとするのではないだろうか。

そういう意味で、コナラやクヌギは、運んでもらうために、**アカネズミにとって小さすぎず大きすぎない**一定範囲内のサイズのドングリをつくっているのではないか、という可能性である。

一方、**渋み**が、〝運ばれて埋められる理由〟ではないかという可能性もある。もし、「土に埋めておけば渋み成分が減少する」といったことがあるのなら、その可能性はさらに高くなるだろう。「巣の近くの地面に埋めておいて、渋みがなくなってから食べる」という、アカネズミの見事な戦略と考えることができるからである。

しかし、だ。「土に埋めておけば渋み成分が減少する」という推察が実際に検証された結果、そんなことは起きないことが示されたのだ。

では、なぜ土に埋めるのか？　それはまだ十分にわかっていない。可能性の一つは、「虫や他の齧歯《げっし》類に見つかりにくい」ということだろう。

ちなみに、スダジイはアカネズミに運んでもらう必要などないので、ネズミが「よし運んで埋めて隠しておこう！」という気分になるような性質を、わざわざ備えるようなことはしなかったのだと考えられる。そんな性質を有するにはコストがかかる。**無駄なことにはコストをかけない**というのが、進化がもたらす戦略なのだ。

まだわからないことが多いが、「コナラやクヌギのドングリがアカネズミによって頭上が比較的開けた場所に運ばれる」現象は、「動物による植物の利用」と「植物による動物の利用」、両方のからまりによって起こっていることは間違いないと思うのだ。

さて、余談が長くなった。

擬人化の話にもどろう。

コナラとアカネズミの話で、すでにある程度はご理解いただけたかもしれないが、**擬人化は、生物の習性、生態を理解する**ことを目的とした活動（科学的な研究や狩猟採集など）を大いに助けることが明らかになっている。また、擬人化という思考の脳内での起こり方などについても研究が進み、それはわれわれの脳に備わっている本来の特性であることも明らかになりつつある。つまり、**ヒトの精神と自然とのつながりの主役**の一つである可能性が高いということである。

少し、例をあげてみよう。

世界各地の狩猟採集民の調査をした人類学者たちは、彼らが例外なく、生物たちを擬人化してとらえ、動物学者が驚くほど、正確に動物たちの行動を予測することを報告している。たとえばこんな具合だ。

アフリカの熱帯林に生息するマメジカを狩りの対象にしている狩猟採集民は、マメジカを擬人化して、彼らの習性をじつによく理解している。

マメジカは、自分の体が小さいことをよく知っていて、ヒョウなどの外敵が通りにくい、外敵からも見えにくい藪のなかを棲家や移動通路として使う。また、外敵がニオイを手がかりにして自分たちを追跡することも知っていて、近くに川などがあると水中に飛びこみ、長時間潜水して、飛びこんだ場所からかなり離れた場所で陸にあがる。

これらの情報は、マメジカが人間だったらどうするかと考え、観察して得たのだと思われる。

現代の日本の子どもたちを対象にした研究でも、擬人化が推察の深化を促していることが示唆されている。子どもたち（四〜六歳）に、ウサギやモルモット、カメ、チューリップ、それぞれの生物が、食べ物や水、病気、排泄物などについてどんな性質をもっているかを推察してもらったとき、自分自身にあてはめて考えた（つまり擬人化した）子どもたちのほうが、そうしない子どもたちより、正解により近い答えをたくさん出すのだという。

擬人化は、子どもたちが生物についての理解を拡大していく（それは子どもたちの、現在と将来の生存・繁殖に不可欠なことだ）うえで、強力なサポート機能を果たしているようだ。

そしてだ……。

何よりも、狩猟採集民に勝るとも劣らず、擬人化をどんどん行なうのは、動物を相手にする科学者（動物学者）だと私は思っている。

一九七三年に、「動物行動学という学問分野の樹立」という功績でノーベル賞を受賞した、動物行動学の父、コンラート・ローレンツは、**擬人化の達人**だった。ローレンツの初めての著作で、現在も新しい読者を増やしつづけている世界的ベストセラー『ソロモンの指輪』を読めば、一目瞭然だ。

この本のタイトルにある指輪とは、古代イスラエルの王、ソロモンが神から授かった指輪のことで、その指輪には、あらゆる生物の声を聞くことができる力があったという。

本のなかには、ローレンツが、いかにして動物たちと擬人化された対話をして、そこから科学的な発想を得、多くの動物学者が驚くような（それまでの動物の見方に大きな変更を迫るような）科学的発見をしたかを読みとれる部分がたくさんある。

ローレンツの話の次に、というのも恐縮だが、私自身の体験も少し話させていただきたい。

ニホンモモンガは、生物学的に言えば、単独性の齧歯類であるが、ほかの単独性の動物には見られない**二つの特異な習性**がある。

一つは、巣として利用する樹木の穴に、複数個体が一緒に入る、つまり同居することがある、という習性だ。

もちろん親子とか兄弟姉妹がしばらく同居するというのはほかの動物でもしばしばあるが、ニホンモモンガの場合、**血縁関係のない**（遺伝子の分析で確認した）**個体が同居**することがあるのだ。

ちなみに、雄、あるいは雌が、異性を求めて他個体の巣穴を訪問するという理由ではない。

同居のメンバーは、雄ばかりだったり雌ばかりだったりすることもある。また、巣が不足するから、というわけでもない。ほかの樹々に空の巣箱が数個あっても同居は起こる。

そしてもう一つの習性は、「巣穴のなかに敷く巣材（モモンガはそのなかに入りこんで休息する）として、**スギの樹皮を使うことに強くこだわる**」というものである。巣から一キロ近く離れたところにしかスギがないときでも、彼らはスギの樹皮を巣材にする。

なぜ単独性なのに複数個体が同居することがあるのか?

なぜそれほどスギの樹皮を巣材として使いたがるのか?

これら二つの疑問に思いをめぐらしていたと

同じ巣に同居していた3匹のニホンモモンガ

き、私は、明らかに**彼らの生活のなかに自分の身をおいていた。**擬人化していたのだ。

ちなみに、〝彼らの生活〟というのは次のようなものである（独特の生活である）。

ニホンモモンガは、標高四〇〇〜八〇〇メートルくらいの高山に多く生息し、スギの葉を主食とし（スギの葉をみなさんはご存じだろうか？　マツの葉を短く細くして、かつ硬く鋭くしたような葉で、ニホンモモンガは**よくあんなものを食べるなー、**と私はいつも思うのだ）、副食としてほかの常緑性および落葉性の樹木の葉を食べる。

だから彼らは冬眠をしない。冬でもスギやほかの常緑樹は葉を茂らせているからだ。

ニホンモモンガの巣。巣材はスギの樹皮を細く裂いたものだ。ふかふかで保温性が高いにちがいない

もう一つ、冬眠をしなくてもよい理由は、彼らの生活圏は、地上数メートル以上の空間であり（そこを滑空しながら移動する）、雪が降っても特に困らないからだ。「地面がちょっと近くなったかな（白くなったかな）」で終わるのだ。

問題はここからだ。

私は、そんな彼らの生活に身を移し、ちょっとだけ生活をしてみた。頭の隅に、〝同居〟と〝スギ樹皮の巣材〟とをおいて。

樹から樹へ、眼下に白い雪の地面を見ながら皮膜を広げて滑空し、幹に着地し、するすると上のほうへのぼり、巣穴へ入った。私は、実際にそんな場面を何度も見ているから、想像はリアルだ。

そして感じたのだ。

寒〜〜〜〜う。

食物はあっても、雪で地面が上昇することなど暮らしに関係なくても、**やっぱ、冬は寒いぞ。**いくら木で囲まれた巣穴のなかだとは言っても、**寒いぞ、これは。**高山の冬だから。

そうだ！　みなさん、おわかりだろうか？

　ここにきて、私の頭の隅の**〝同居〟と〝スギ樹皮の巣材〟とが、「寒いぞ」と結びついた**のだ（実際にはこれほど順序よく思考が進んだわけではないが、でも、まー、こんな感じだ）。

　スギの樹皮（ニホンモモンガはそれを細かく裂いて細い何本もの繊維にし、巣材として使う）は、他種の樹皮の繊維よりきっと温かいのだ。そうそう、スギの樹皮繊維は、とても細く裂くことができ、集めるとたくさんの小さな隙間ができて断熱効果が高そうだ。

　〝同居〟は……、同居は、**要するに〝押しくらまんじゅう〟だ。**体を触れあわせると、外気に触れる体の面積が少なくなり、体温が奪われにくくなるにちがいない。

　こうなると、擬人化によって浮き上がってきた仮説を、次は科学のまな板にのせればよいのだ。私は、「スギの樹皮繊維は、他種樹皮繊維より保温力がほんとうに高いか」「同居は、暖かい時期よりも寒い時期に、より頻繁に行なわれるか」を実際に試すことにしたのだ（結果はほぼ予想どおりになった）。

　さてここで、人類史上での**擬人化思考の出現について、脳の仕組みと合わせて少し堅いお話**をしておきたい。

擬人化思考は、認知考古学（われわれホモ・サピエンスの祖先の習性、生態、生活を、脳の認知の特性とからめて考える学問）のなかで、重要な意味をもっている。

認知考古学を世に知らしめたオックスフォード大学のスティーヴン・ミズンは、脳内の「生物認知専用領域」と「同種認知専用領域」（対人認知専用領域）の活動と結びつけて擬人化思考の出現を次のように説明した。

最初に、脳内の「○○認知専用領域」についてであるが、これらについては第2章、第3章で詳しめにお話しするので、ここではごく簡単に説明する。

ホモ・サピエンスの脳は、外界からの入力刺激を、神経系の活動によって情報処理し、ホモ・サピエンスが生きて繁殖しやすいような行動や心理を生み出すような器官である。

そして、その情報処理では、ちょうどパソコンが、文書を書くのならＷｏｒｄ、表作成や計算にはＥｘｃｅｌ、写真入りの図表ならＰｏｗｅｒＰｏｉｎｔというように、それぞれの情報の種類に応じた専用のソフトを使うのと同じやり方をしていると考えられている。つまり、脳も、「生物」とか「物体（無生物）」、「同種（人）」といった異なった性質の情報に対応した処理ソフト（○○認知専用領域）を内蔵しており、対象によって対応した認知専用領域を使っているということである。

たとえば、人の表情や動作から心理を読みとるときは「同種認知専用領域」（対人認知専用領域）を使い、蹴った石がどう転がっていくかを予想するときは「物体認知専用領域」を使い、人以外の生物のことを認知するときは「生物認知専用領域」を使うのである。パソコンの場合もそうだが、ホモ・サピエンスの脳も、一つの〝ソフト〟がすべてを行なうより、それぞれに専門化した装置を寄せ集めておくほうが有利だったと考えられるのだ。

さて、基本的にはこれらの「○○認知専用領域」は、それぞれほかの認知専用領域とは独立して活動していたのだが、一〇万年くらい前に、脳内の神経の配線（パソコン内の電子回路の配線にあたるもの）を決める遺伝子に異変が起き、異なった認知専用領域の間で、情報の行き来が活発に行なわれるようになったと考えられている。パソコンで言えば、ＰｏｗｅｒＰｏｉｎｔでつくった図形をＷｏｒｄに貼りつけるようなものである。

もし、「同種認知専用領域」と「生物認知専用領域」との間で情報の行き来が行なわれるようになると、どんなことが起きるだろうか。その一つが擬人化である。つまり、生物を見て、いったん「生物認知専用領域」に入った情報を、同種（人）を認知する領域に貼りつけるのである。たちまち生物は、人の心理をもった対象として感じられてくる。

このような説が、ミズンによる「認知流動にともなう擬人化の出現」の説明である。

この仮説は**認知流動説**と呼ばれ、私も大いに支持している。

考古学的に〝人類〟と呼ばれる霊長類には、いわゆる旧人や原人なども含め多数の化石種が知られており、そのなかで、ホモ属に含まれる種は現在二〇ほどが知られている。そしてそのホモ属、あるいは人類全体のなかで生き残っている種はわれわれホモ・サピエンスだけであり、ホモ・サピエンスは約二〇万年前に現われたと考えられている。

ミズンたちは、ホモ・サピエンスを、前期型ホモ・サピエンスと後期型ホモ・サピエンスに分けており、〝認知流動〟の脳をもったのが後期型ホモ・サピエンスである。

考古学の研究によれば、六万～三万年前までの間にホモ・サピエンスの文化的な活動に大きな変化が起き、トーテミズムに代表される人と野生生物が融合したような芸術や、狩猟採集に使われる道具の複雑化などを示す発掘物が急激に増えているという。

ミズンはこれらの変化を「文化のビッグバーン」と呼び、それが六万年前ごろの、遺伝的な脳の変化をともなった〝認知流動〟を通して実現されていったと考えているのだ。

さていよいよ本章も最後の話題になる。

最後の話題とは、**「擬人化が野生生物の生存を守る心につながる」**というものである。

もう一〇年以上も前になる。鳥取環境大学一期生のＹｎくんと私は次のような研究を行なった。

鳥取県のある郊外集落で、さまざまな年齢層の人を対象に、

「野生生物とのふれあいの度合い」

「集落周辺の野生生物についての擬人化の度合い」

「野生生物の生息地を守るためにどれくらいの負担をする気持ちがあるか」

の三点について、数値化できるように工夫したアンケートと聞きとりを行なったのだ（18〜49ページの表参照）。

アンケートや聞きとりでは、対象集落に生息する動物二一種（哺乳類、鳥類、爬虫類、魚類、昆虫類、甲殻類、環形動物）、植物一八種について、見たことがあるかどうか、捕ったり飼ったりしたことがあるかどうかを聞き、それを点数化した。

擬人化については、ウサギ、ハト、魚、バッタについて、それぞれの動物が、人間と同じように、嬉しさや怒りを感じて行動していると思うかどうかを聞き、それを点数化した。

さらに、生息地保全のための負担（自然破壊への意識）については、「農薬を使用していない米や野菜を買っていますか」「牛乳パックをリサイクルに出していますか」「野生生物に有害

な物質を含まない洗剤を買っていますか」「野生生物の減少を防ぐために今どれくらいなら寄付できますか」といった質問をして点数化した（すべての質問について、答えはそれぞれ三種類用意しておき、その選択に応じて点数をつけた）。

集まったデータを、年齢別、性別などの要素も加えて分析すると、いろいろ興味深い結果が得られた。話が長くなるので、ここでは本章に関係する結果だけを紹介する。

まずは、**「野生生物との接触体験が豊富であるほど、擬人化思考も顕著である」**ことがはっきり示された。そしてこの傾向は、一〇～二〇代、三〇～四〇代、五〇～七〇代のすべての年齢層においてみられ、また、女性、男性のどちらでもその傾向ははっきりと認められた。

また、**「野生生物との接触体験が豊富であるほど、自然環境保全意識も高い」**ことが、どの年齢層、性別でもはっきり示された。

さて、ここでわれわれは次のようなことを考えた。

「自然環境保全意識の高さ」は、「野生生物との接触体験の豊富さ」と「野生生物への擬人化思考の強さ」のどちらと、より深く関係しているのだろうか？

その点を知るためにわれわれは、二つの事柄（aとb）がどれほど強く関連しているかの目安になる、aとbの間の〝相関関係〟を「環境保全の意識の高さ」と「野生生物との接触体験

鳥取県のある郊外集落で、野生生物とヒトとのかかわりについて、アンケートと聞きとりを行なった

人間と同じように、うれしさやいかりを感じて行動していると思いますか？

	そう思うことは ほとんどない（0点）	たまにそう思う こともある（1点）	よくそう思う（2点）
ウサギ			
ハト			
サカナ			
バッタ			

	ほとんどしていない （0点）	時々そうしている （1点）	大体いつもそうしている （2点）
農薬を使用していない米や野菜を 買っていますか			
牛乳パックをリサイクルに 出していますか			
野生生物に有害な物質を含まない 洗剤を買っていますか			

日本の野生生物の減少を防ぐために今どれくらいなら寄付できますか

しない（　　） （0点）	500円まで（　　） （1点）	500円以上（　　） （2点）

年齢：　10代（小・中・高）、20代、30代、40代、50代、60代、70代
性別：　男・女

	見たことがない（0点）	見たことがある（1点）	とったり、かったりしたことがある（2点）
トンボ			
カブトムシ			
クワガタ			
ホタル			
タマムシ			
ザリガニ			
タニシ			
フナ			
メダカ			
ドジョウ			
サギ、カモなどの大型の鳥			
シジュウカラ			
カワセミ			
メジロ			
コウモリ			
ノウサギ			
ミミズ			
ヘビ			
イモリ			
カエル			
カタツムリ			
ツクシ			
ナノハナ			
レンゲソウ			
タンポポ			
ヨモギ			
ゼンマイ			
センブリ			
ドクダミ			
クリ			
マツ			
シイタケ			
シメジ			
オオバコ			
ヤマブドウ			
アケビ			
ヒシ			
ユリ			
イタドリ			

の豊富さ」の間、また、「環境保全意識の高さ」と「野生生物への擬人化思考の強さ」の間で算出してみた。その結果、前者の組み合わせでは〇・三八で、後者の組み合わせでは〇・四七だった。つまり、この数値から考えると、「野生生物への擬人化思考」のほうが「環境保全意識」を高める効果が高いという可能性が示されたのだった。

ではもう一つ、ヨーロッパの人類学者たち（スコット・アトランなど）が南米で行なった研究について少し詳しくご紹介したい。

彼らの研究は、二〇〇二年に、「Folkecology, Cultural Epidemiology, and the Spirit of the Commons（民間生物学、文化的疫学、そして共有地の精神）」という論文で人類学の専門誌に発表された。この論文では、中米グアテマラ北部のペタンのマヤ自然保護区内に暮らす三つの集団、イッツア（Itza'）、ラディーノ（Ladinos）、ケクチ（Q'eqchi）について、**自然との接し方と自然観との関係**が報告されている。

イッツアは、低地に住む先住のマヤ族で、ケクチは隣接する高地から移動してきたマヤ族だ。ラディーノはヨーロッパ人と、ネイティブ・アメリカンの子孫との混血で、スペイン語を話す。これらの異なった歴史や文化をもつ三つの集団が、多雨林の同様な自然環境のなかで、農業や野生生物の狩猟採集によって生活しているわけだ。

アトランたちの調査によってまずわかったことは、イッツアでは、集落周辺の森の利用が、森の再生に向けての配慮が十分なされたうえで行なわれている、ということだった。そして、ケクチでは、その反対に、再生への配慮が十分にはなされないで森の利用が行なわれており、またラディーノでは、イッツアとケクチのちょうど中間のような状態であることもわかった。

一方、それぞれの集団の社会的な特性に関しては、次のようなことが明らかにされている。まず、ケクチでは、個々人の社会組織的なつながりは最も緊密で、社会制度も最も確立されていた。それに対して、イッツアの集団では、個人間の組織的なネットワークは最もゆるく、社会制度も最も進んでいなかった。ラディーノでは、イッツアとケクチの中間のような状態だった。

これらの結果を前にしてアトランたちは考えた。

「イッツアの自然に対する接し方は、自然環境を保全するように行なわれており、ケクチの接し方は、自然破壊を起こしている。しかしこれは、自然破壊についての一般的な傾向に反している。というのは、自然破壊は、制度や法律、また、メンバー間の情報交換や牽制《けんせい》的行動などによって、個々人の行為が規制されやすい集団では、起こりにくいと考えられているからだ。

そして、そのような集団に近いのはケクチの共同体であり、イッツアの共同体は、その逆の状態だ。ところが、実際には、イッツアの集落周辺の森では、多種類の樹木が、切りすぎにならないように残されたり、動物の種類や数が考慮されたうえで狩りが行なわれたりなど、自然の保全がより積極的になされている。これはなぜなのか」

このような状況が起こっている理由として彼らが注目したのは、イッツアとケクチの人たちがもっている、**森の生物についての知識の差**だった。イッツアの人たちは森の植物や動物に関して、衣・食・住で人間の役に立つ働きについても、生物同士の生態学的なつながりについても、ケクチの人たちよりずっと多くの知識をもっているように見えた。そして、彼らが立てた仮説は次のようなものだった。

「イッツアの人たちは、森の生物や無生物について多くの知識をもっており、それらを単なる利用資源としてではなく、友人とか敵といった、**精神をもった存在として認知**（つまり擬人化）しているのではないか。そして自然に対するそのような認識が、森の保全につながっているのではないか」

仮説を検討するために彼らは、イッツア、ラディーノ、ケクチの人たち一人ひとりに対して、ある聞きとり調査を行なった。その内容は、マヤ自然保護区内に生育する、人間に直接役に立つ植物や、そうではない植物合計二一種を見せて、「○○にとってはどれが一番大切な植物か。二番目はどれか、三番目は………」と聞いていくものだった。つまり、○○にとっての重要度という規準で植物を順位づけしてもらったわけだ。そして、「○○」として、次の四つの対象を提示した。

①自分の集団のメンバーにとって
②ほかの一つの集団のメンバーにとって
③神にとって
④森の精霊にとって

この調査の意図は次のような点にあった。たとえば、ラディーノのメンバーの一人ひとりが、神にとっての重要性という規準において、二一種の植物をほぼ同じ順位にしたとする。すると、その結果から「ラディーノの人たちは、森の木々に接するうえで〝神〟という概念を強く意識している、また、森の植物（人間に直接役に立つ植物以外のものについても）に対する関心や知識も高い」と推察できるというわけだ。

さて、このような実験で得られた結果は、予想どおり、三つの集団で順位づけのパターンが異なることを示していた。まず、ケクチの人たちは、①〜④すべての規準において、一人ひとりの順位づけがかなり異なっており、どの規準をとっても、順位の有意な一致はみられなかった。それに対し、イッツアの人びとでは、④の「森の精霊にとって」をのぞき、①〜③すべての規準で、順位に有意な一致が見られた。

これらの結果は、先のアトランたちの仮説を支持する、次のような事柄を示唆している。

⑴ケクチの人たちは、森の一つひとつの植物の特性に対してあまり高い関心をもっていない。

⑵イッツアの人たちは、森の植物の特性について多くの知識をもっており、また、それぞれの植物の存在の背後に、神や精霊の意志を感じている。

硬い話が続いて申し訳ない。

でも、Ｙｎくんと私の研究やアトランたちの研究は、とても重要な事柄を示していると思うのだ。それらは、**「自然体験→擬人化的認識→自然環境保全意識」**という可能性を科学的に示しており、私は、自然環境保全の精神的な面からのアプローチというささやかな希望を見出しているのである。

ちなみに、読者のみなさんはどうだろうか。

たとえば、ある河川敷のススキ原に、近年生息数の減少が危惧されているカヤネズミの生息地の保全を目的にした看板を立てようとしたとき、次ページの上下、どちらの看板が多少なりとも効果があると思われるだろうか（どちらのほうがホモ・サピエンスの心に響き、行動に影響を与えやすいだろうか）。

学生三二四人を対象に行なったアンケートでは、下の看板のほうが、つまり、カヤネズミにより寄りそった、**擬人化された表現のほうが心を動かされやすい**、という結果が得られた。特に女性では大きな違いがみられた。

最後の最後に、私がとても印象に残っている、**擬人化と野生生物への思いの変化を感じさせてくれる出来事**をお話しして本章を閉じたい。

それは、学生と私が大学で行なっていた自然教室へよく来てくれていた男の子（小学校六年生）が書いた感想のことだ。

私たちは、自然教室が終わって一週間ほどしてから、自然教室での写真とともにアンケートを子どもたちに送っていた。アンケートの内容はそのつど変わることが多かったが、その回の自然教室の感想は常に聞いていた。以下は、その男の子の感想からの抜粋である。

「………このまえ、千代大橋をとおっているとき、橋の下でトラックやブルドーザーが工事を

この河原の草原には、カヤネズミが
生息しており、今、繁殖中です。
ゴミを捨てないようにしましょう。

この河原の草原には、カヤネズミが
棲んでいて、今、子育てをしています。
ゴミを捨てないようにしましょう。

していた。岸の草や木はなくなって土だらけになっていた。大学の山で、いろいろな木や草の子どもをさがしたり、虫や鳥やネズミをみたりしていたので、工事で生きものがたくさん死んだんだろうなと思った。巣穴の中でいきうめになったネズミもいたと思います。………工事がおわったら、まえにやったように大学の山の木をうえにいきたいです。………」

工事現場を見たこの男の子には、トラックやブルドーザーに踏みつぶされていく草や木、一生懸命逃げようとする動物たちの姿が目に浮かんだのではないだろうか。

擬人化して、野生生物の、それぞれの習性、生活の仕方について理解を深めようとする心理的特性。

これも、**自然とヒトの精神とのつながり**の重要なものの一つなのである。そして、私は、その精神的つながりを野生生物の生息地の保全に結びつけたいのだ。

第2章

ノウサギの“太腿つきの脚”は生物か無生物か

子どものころの生物とのふれあいが脳に与える影響

ある日、帰宅するために研究室を出たらゼミ室にまだ明かりがついていて、誰かがいる様子だった。私はドアを開けてちょっとなかをのぞいてみた。

そこには魚釣りが大好きで魚のことにたいそう詳しいＯｎくんが一人いた。

Ｏｎくんは私を見てニコッとしたあと、次のような話を始めた。

先生、キツネの巣穴がヤギの放牧場のなかにあるのを知ってますか？

この前Ｍｋさんと見つけて、入り口のところに自動撮影装置を置いておいたらキツネが写りました。巣穴を利用しているということは、なかで子どもを産んでいるんですかね………。

Ｍｋさんが、小林先生には知らせず自分たちだけで観察しよう、と言ったので黙っていましたが………。

おそらくＯｎくんは**私に深い尊敬の念を抱いていて、**私に黙っていることに**耐えきれなくなって吐いてしまった**にちがいない。あー、誠実で心清きＯｎくん。それに比べ………、Ｍｋさんのいたずらっぽい笑顔が目に浮かんできた。

そして、それからほんの数十分後、車でヤギの放牧場の横を通り過ぎようとしたとき、その

不思議な出来事は起こったのだ。

ゆっくりと進む車の先に、二匹のキツネの子どもがライトを浴びて白く浮き上がり、こっちを向いて座っているではないか。

私は驚いて車を止め、あっけにとられて子ギツネたちを見ていた。自然に、Ｏｎくんが話していたことが思い出されてきた。

あー、きっとこの子たちがヤギの放牧場に巣穴をつくったキツネの子どもたちだ。確かに繁殖していたんだ。

問題はそれからだ。

やがてどこかへ行くだろう、行く先をしっかり見届けてやろう、とじっと見ていたのだがどうも立ち去る気配がない（写真を数枚撮ったが、フロントガラスに光が反射してまともな写真は撮れていなかった）。そうなると、車から出て、直接子ギツネたちを見たいと思うのが人の常というものだ。

ゆっくりドアを開け、ライトを持って子ギツネたちのほうへ近づいていった。特に何をしようという意識はなかった（まーうまくいけば写真？）。どれくらいまで近づけるか近づいてみよう、といった気持ちである。

そしたら**子ギツネたちは私の行動を待ってでもいたかのように、**道路の中央からヤギの放牧場のほうへ移動を始めたのだ。

私は腰のポシェットのなかのカメラにさわりかけた手をもとにもどし、二匹が向かうほうへ進路を変えた。できるだけ二匹の行く先を確認しておきたいという思いである。同時に、これで子ギツネともお別れだ。彼らは草むらに消えてそれで幕切れだ………、そう思ったのだ。

ところがだ。**それで幕切れではなかった**のだ。ライトで照らしながらヤギの放牧場の柵を越えて進んだその先に、**またもや驚くべき光景**が待っていた。

何と、二匹の子ギツネが、**「オジサン、やっと来たか」**みたいな感じで、草が倒れて土がむき出しになったような場所に並んで座っているではないか。そして二匹のすぐそばには、周囲がしっかり土で固められ、いかにも使いこんだような大きな穴の入り口があったのだ。

ちなみにその穴………、ライトを当てて浮かび上がったその姿を見て、私は一〇年以上も前のその場にタイムスリップしたような気がした。

入り口には、黒くて太いプラスチックのパイプが、かなりな年代物のように傷み、でも大きな存在感をもって埋まっていたのだ。

私はそのパイプをよく知っていた。

大学が創立され、今、ヤギの放牧場になっている平らな台地がつくられたとき、そこは草一本ない茶色の台地だった。そして台地の周囲は斜面になり、その斜面には、水抜きのため台地に埋められた黒くて太いパイプが少しだけ顔を出していたのだ。

その黒くて太いパイプの顔は、そこに草が生い茂り顔が見えなくなるまでの数年間、そのそばを走る道路からよく見えた。私も毎日のように目にしていた。なかをのぞいたこともある。ただただ真っ暗だった。

そうか、親ギツネはあのパイプを利用したのか。なかはずーっと奥まで続いているし、直径もキツネの巣穴としてじつに適している。いい巣穴を見つけたものだ。

子ギツネにとってもそれは快適な巣穴だったにちがいない。

そのそばに座り、ときおり私を見るそのまなざしは、あたかも**「オジサン、ここがぼくたちの（何やら雄のように思えた）家だよ。いいでしょ」**とでも言っているように感じられた。

「写真撮ってもいい？」と尋ねると、一匹のほうは「ぼくは写真、苦手」とばかりにその場を離れ、もう一匹は**「うん、いいよ」**とばかりに、ポーズをとってくれた（自慢ですが、こういう写真、ちょっと撮れませんよ）。

「ヤギの放牧場のなかの巣穴でホンドギツネが子育てをしている」………なんか環境大学らしくていいなーと思いながら、私を怖れることなく巣穴の入り口のところでごろごろしている子ギツネたちを後にしたのだった。もちろん**「じゃ、またね！」**と（ほんとうに）つぶやいて。

余談になるが、子ギツネたちに巣穴へ招待されてから数カ月後、巣穴からそう遠くない場所（一キロメートル以内）に、教員の実験や授業のための実験研究棟が完成した。そして、その完成を祝う竣工式が行なわれることになったのだが、その式の内容などについて大学の事務局長さんと担当のNさんが私のところに相談に来られた。

その話のなかで、来賓の方々へのお土産をどうするか、ということになった。

事務局長さんは次のような提案をされた。

「先生（私のこと）が、『まちなかキャンパス』の『里山生物園』で来場者の土産にされている『杉の動物コイン』を一まわり大きくして、『杉の動物コースター』のようなものはできないでしょうか」

ヤギの放牧場で生まれた子ギツネ。巣穴のそばに座って、まるで「オジサン、ここがぼくの家だよ。いいでしょ」とでも言っているようだった

ちょっと説明が必要だろう。

「まちなかキャンパス」とは、大学が地域の人との交流をもつために鳥取駅の近くにつくった、いわゆるサテライトキャンパスである。

そして「里山生物園」とは、私と学生たちが、鳥取の里山の生物を通して地域の人と交流することを意図してつくった、大きな水槽を二つ使ったミニ生物園だ。

里山生物園を見に来られた方には、特に子どもには、記念として、里山の動物の姿を丸い杉の円盤に焼きこんだ「杉の動物コイン」をあげている。今のところ全部で六種類ある。

事務局長さんのご提案とあってはそれに

まちなかキャンパスの「里山生物園」で来場者のお土産にしている「杉の動物コイン」をひとまわり大きくした「杉の動物コースター」。左上から時計回りに、フクロウ、コシアカツバメ、ノウサギ、ホンドギツネ

応えたいと思うのが（まー私自身もつくってみたかったし）、人の道というものだろう。

その後いろいろあって、私は学生のＡ・ｉさんや木工室のＡｎさんの技術を借りながら、そして事務局の担当のＮさんと相談しながら、竣工式の土産用の、「杉の動物コースター」づくりを進めたのだった。そしてでき上がったのが下の写真である。

タイトルは、「Wildlife on the Campus of TUES」（鳥取環境大学のキャンパスに棲む野生動物たち）である。

それぞれの動物たちについて話し出すと長くなるので簡単にすませるが、たくさんの動物のなかからこの四種を選んだのには深ーい意味がある。

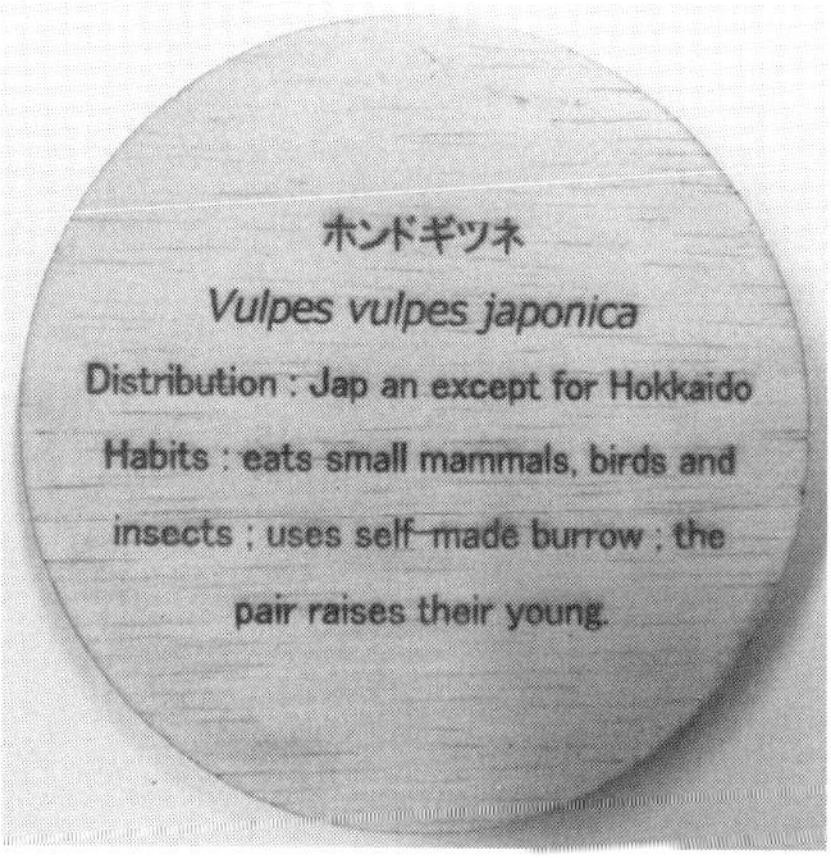

裏には、それぞれの動物の説明が英語で書かれている

まず**コシアカツバメ**だが、この希少なツバメは大学創立後すぐにやって来て、玄関に巣をつくり、繁殖を始めた。私はとても喜び、ずーっと見守ってきた。

フクロウについては、ちょっとした忘れられない思い出があった。

夜になると時々鳴き声は聞いていたのだが、それまでは姿を見たことはなかった。ある日、モモンガの食事メニューの一つであるスギの葉をとるため（キャンパスのなかにはスギは三本しかなく、研究室から比較的近くにあった一本の木に梯子を常設していた）、梯子を上って地上七メートルくらいのところで枝を折っていた。後ろにふと動物の気配を感じ、ふり向くと、わずか数メートルくらいしか離れていない木の枝に、なんと**大きな白いフクロウがとまっていた**のである。

私は**びっくりして梯子から落ちそうになった。**

写真を撮る間もなく白いフクロウは飛んでいき、私は梯子を下りて後を追跡したが、途中で見失ってしまった。何度か写真を撮るチャンスはあったのに……それが悔やまれてしかたなかった。

そのフクロウはきっと巣立ち前のフクロウである。白く大きく見えたのは、まだ白い産毛《うぶげ》がついていたからだろう。白くて大きな体に、丸い大きな黒い瞳が今でも忘れられない。

次はノウサギである。

ノウサギは冬には白い冬毛で、春夏秋には茶色の夏毛で、**衣替えのときは茶色と白色のまだら**で（ほんとうである）、時には林のなかで、またあるときは道路に出て、私を楽しませてくれた。

あるときは、子ウサギが道路に出ていて、それを見つけた同僚のM先生が私に知らせてくださった。私が行ってみると、子ウサギはその場にじっとうずくまっていて動こうとしない。私が捕まえて林に逃がしてやった。

最後はもちろん、**ホンドギツネ**だ。もう説明は必要ないだろう。

これら四種の鳥獣について深ーい意味があるというのは、一つには、野生生物を直視したときに**避けて通ることができない生態系の真実**を、これらの動物は示している、ということだ。そう、それは食物連鎖である。ホンドギツネはノウサギを、フクロウはコシアカツバメを捕食するのだ。

そしてそれ以外の〝深ーい意味〟は？　それは内緒である。

さて、ここまでの話を受け、（大変遅まきながら）いよいよ話は本章最大の主題へと入っていく。

竣工式も終わったある日、事務局のNさんから次のようなことを聞いた。

以前、「キャンパスの食堂の近くの木のそばに、**ウサギの〝太腿つきの脚〟が落ちている**（なんとかしてほしい）」という連絡が事務局にあった。しかたなく、事務局の人たちが行って片づけた（どのような片づけ方をしたのかは聞かなかった）。

片づけをした人は不快な思いをされたらしいが、そんなことが数回続いたという。

まー、想像はつく。私ならともかく一般の人にとっては、けっして楽しい作業ではなかっただろう。

そして次に同じ連絡があったとき、事務局の人は、大学の建物のなかのゴミを処理してもらっている**清掃の人に、〝太腿つきの脚〟の片づけを頼んだ**という。

私はその話を聞いて、二つの点で**脳の一部が刺激**されるのを感じた。

一つ目は、「あー、**キャンパス内で野生の食物連鎖が起こった**のだ（捕食者はきっとあのキツネだ）」という思い。

読者のみなさんもおわかりになるだろう。

あのパイプ巣穴の親ギツネの仕業《しわざ》である可能性が高いのだ。

チビの子ギツネたちを育てるため、母ギツネは（ホンドギツネでは、父ギツネは子どもが生まれてから一カ月ほどして巣を去っていくことが知られている）懸命に餌を求めて動きまわり、キャンパス内にいたノウサギを捕ったのではないだろうか。〝太腿つきの脚〟だけが落ちている理由についてはわからないけれども。

ノウサギのことはかわいそうに思うが、それは受け入れなければならない。

もう一つ、私の脳の一部を刺激したのは、「**〝太腿つきの脚〟に対するヒトの認識の質**」とでも言えばよいのだろうか。

〝太腿つきの脚〟の処理がゴミ清掃の人へ移されたとき、その変更を決めた人たちの脳のなかでは、〝太腿つきの脚〟が、「生物の体の一部」という認識から「物体」という認識へとシフトしたと私は思ったのだ。

脳内での**「生物」から「物体」への認識の変化**………それは現在の脳の知見から言えば、次のような具体性のある表現が可能である。

ヒトの脳では、生物と物体（無生物）の認識をつかさどる中心的領域が異なることが知られている。生物の認識には大脳側頭葉の上側頭溝《じょうそくとうこう》と側部《そくぶ》紡錘状回《ぼうすいじょうかい》が中心的な役割を果たし、その領域の神経回路が活発に活動する。

その領域が何らかの原因で働かなくなったヒトは、傘とかハサミ、スーパーの場所……といった物理的な対象についての認知には問題は起こらないのに、イヌや小鳥や魚といった生物のことについては、相互の種類の違いや、そもそもそれらがなんであるのかさえもわからなくなるという。

体毛や羽、鱗といった生物の属性についての認識はもちろんなくなる。

私は思うのだ。

〝太腿つきの脚〟をゴミとして処理しはじめたヒトの脳内では、それを炭バサミで拾い上げるとき、上側頭溝と側部紡錘状回はあまり活動していないにちがいない、と。

もし、上側頭溝と側部紡錘状回が活動していたとしたら、**〝太腿つきの脚〟の持ち主の姿や**

しぐさ、脚の骨や筋肉の構造、捕食者からの攻撃………などが想起されただろう。

余談だが、現代人が、家庭やレストランで肉（チキンやビーフ、ポーク）を食べるときもやはり上側頭溝と側部紡錘状回はあまり活動していないだろう。

加工して調理され、**きれいな皿の上に置かれたチキン**を見て、生きて活動するニワトリを想起する現代人はほとんどいないだろう。少なくとも、本物の生き物とのふれあいが希薄になっている現代日本の子どもたちでは。

そして、それはヒトの成長にとってどんな意味をもつのだろうか。どんな影響を与えるのだろうか。

この問題についてしゃべる必要が生じたとき、私はいつも次のような話をする。専用領域への刺激の不足がどんな状況を生み出すのか、想像しやすいと思うからだ。

「言語」の脳内専用領域として、大脳の左半球に存在するブローカ野《や》とウェルニッケ野《や》が知られている。

現在の言語学や脳科学は、「地球上で使われている言語は表面的にはじつにさまざまであるが、それが拠《よ》って立つ文法は基本的にはすべて同一である（すべての言語の共通した文法を普遍文法と呼ぶ）」と考えている。たとえばすべての言語の文章は、S（主語）、V（述語）、O（目的語）、C（補語）などからなり、品詞として名詞、動詞、形容詞、副詞などがある。単語は単独でもSやVやOやCになるが、それらでできた文章は、今度はそれが一つのまとまりとしてSやVやOやCになる。

日本語で示してみよう。

・彼は（S）リンゴを（O）食べた（V）。

・私は（S）「彼がリンゴを食べた」ことを（O）知っている（V）。

・「私が『彼がリンゴを食べた』ことを知っている」ことが（S）、彼を（O）恥ずかしい思いにさせた（V）。

………といった具合だ。

通常、幼児の脳内の言語認知専用領域は、周りの人たちの言葉の入力を受けながら活性化されていく。つまり、言語認知専用領域に設計図のように存在する普遍文法に、日本語なら日本語の単語を張りつけていき、順序などの表面的な細かい特徴を学習していき、日本語という具体的に使える言葉を開花させているのである。

もし、そんな言語認知専用領域（ブローカ野やウェルニッケ野）へ実際の言葉刺激が入らなかったら、つまり幼児が言語を聞かずに育ったらどうだろうか（ちなみに、〝言語〟は必ずしも音声でなくても、手話や皮膚感覚を利用した触覚手話でもよいことがわかっている）。

その領域は不活性のままの状態で、本人のその後の認知や行動にネガティブな影響が出る可能性は高い。

そしてそれは生物認知専用領域（上側頭溝と側部紡錘状回）でも同様ではないだろうか。

特に、生物認知専用領域は、ヒト本来の生活様式である自然のなかでの狩猟採集生活に適応した脳構造のなかで、重要な働きを担っている領域だと思われる。本来の生活では生物との直接的なふれあいによって生物に関する情報が豊富に入ってくるはずのその領域が、ふれあいが減ることによって刺激されることが少なくなるとしたら。つまり、生物認知専用領域が活性化されることなく育っていくとしたら……。

わたしは一連の話を聞いたあと、Ｎさんに言ったのだ。

「今度、〝太腿つきの脚〟が見つかったら私に連絡してください」

私だったら〝太腿つきの脚〟の持ち主であったノウサギを心から気の毒に思いつつ、上側頭溝と側部紡錘状回が**ビンビンに作動**し、そのノウサギやそのノウサギを捕食した可能性が高いキツネについて思いをめぐらすにちがいない。

それは**私の人生をより豊かにする**だけでなく、被害にあった〝太腿つきの脚〟にとっても（少なくとも単なるゴミとして処理されるよりは）本望ではないだろうか。

ちなみに私なら、丸ごとのノウサギが亡くなったときと同じように、〝太腿つきの脚〟も彼らの生息地である大学の森の地面に手厚く埋めてやるだろう。

第3章
幼いホモ・サピエンスはなぜダンゴムシをもてあそぶのか
脳には生物の認識に専門に働く領域がある！

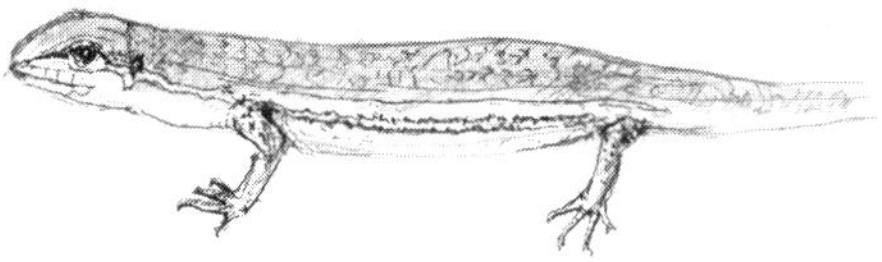

その少年は、幼稚園に通っていたころ（つまり四歳くらいのとき）、ちょっとした交通事故を起こした。

自分が運転していた〝車〟が道路をそれて、**断崖を真っ逆さまに落下したのだ。**

落下途中に車から離れ、崖の下の大きな岩に、あおむけの状態で、頭もろとも体を打ちつけたのである。

とはいえ幼稚園の年齢の子どものことである。

〝車〟というのは三輪車、〝道路〟というのは畑のわきの土の小道、〝断崖〟というのは、小道にそって垂直につくられた石垣で、高さは二メートルほど……だった。

でも**笑ってはいけない。**

二メートルの高さを、空に舞って落下し、大きな岩（水平で幅が二メートル、長さがちょうど少年の身長くらい）に**〝あおむけの状態で頭もろとも体を打ちつけ〟**たら、それはそれで結構危険なのだ。

その石の表面は、少年の頭から出た血に染まり、兄たちが（その少年は男ばかりの三人兄弟の末っ子であった）、事故後、水でぬらした雑巾で血をふきとった（と聞いた）。

事故を起こして石の上にあおむけになっていた少年は、ほどなく見つけられ、家へと運ばれた（らしい）。

昭和三〇年代の山村のことである。もちろん救急車などを呼ぶような環境ではなかった。

少年には落下の瞬間の記憶はあったが、それからの記憶はまったくなく、家で意識を取りもどしたときは「頭が割れるように痛かった」と述懐している。

少年は布団の上でも三輪車の、ハンドルを覆っていたキャップを固く握りしめていた。落下の瞬間に感じた恐怖心で体中の筋肉が硬直し、その後も、痛さに抗するように筋肉を硬直させつづけていたのだろう。

頭部からの出血はもちろん好ましいことではないが、脳内にとどまってしまうよりはずっとよかった。

その後、少年は驚異的な速さで回復していった。

少年は、事故後も以前と同様に生物、特に動物に対して強い関心を示した。ただし、おそらく、事故と無関係ではなかっただろう、記憶力の低下と慢性的な疲れやすさが、青年、成人と成長する少年の行く手を苦しめることになる。

記憶力が重要な要件となる学校の勉強では、覚えても覚えても忘れていく自分に心底、怒りを感じた。誰にも告げることはなかったが、少年は人知れず悩み、でも独自のやり方でゆっくりと進んでいった。少年の部屋は、壁も天井も暗記のための紙で埋めつくされ、繰り返し読む教科書のページはごわごわになって、閉じたときの厚さが、もとの教科書の二倍くらいになっていた。

さて、そろそろいいだろう。

その少年とは私のことだ。

思うに、私は〝交通事故〟で、少なくとも記憶にかかわる脳の領域（たとえば海馬）にダメージを受けたのかもしれない。

ただし、幸運なことに、脳の左側下部の側頭葉と呼ばれる部分にはダメージを受けなかったようだ。というのも、側頭葉内の特定の領域（上側頭溝《じょうそくとうこう》と側部紡錘状回《そくぶぼうすいじょうかい》）には、「生物を認識し、それらの習性を推察したり記憶したりする」生物認知に特化した機能があることが知られているからである。もしその生物認知専用領域にダメージを受けていたら、小林少年は、事故後も事故前と同じくらい熱心に、生物に魅かれつづけることはなかっただろうし、自然のなかで野生生物が発するさまざまなサインを感じとることができなくなっていただろう。

今、ふり返ると、**生物に接することの喜びが、のろまな私をいつも励まし支えていた**のだと思う。今でもそうだが、よく体調を崩したり、よくものを忘れたりするストレスフルの毎日のなかで、学校での勉強や衣食住のやりくりをしてこられたのは、（家族や友人に助けられたのはもちろんだが）生物とのふれあいが与えてくれる喜びのおかげでもあったのだ。きっと。


さて、（涙なくしては読めない）前置きはこれくらいにして、最近（涙なしで）読んだ本のなかで印象に残る本を三冊あげろ、と言われたら、私はそのなかの一冊として、『自然を名づける――なぜ生物分類では直感と科学が衝突するのか』（キャロル・キサク・ヨーン、NTT出版）をあげるだろう。

その本のなかには、事故で側頭葉に損傷を負い、生物を認識する能力を失った多くの人たちの状況が紹介されている。

ある女性は、ペンや時計、鉛筆といった無生物の物体は普通に認識できるのに、生物を見せられると、その名前も性質もまったく答えられなかったという。

脳炎で側頭葉が働かなくなった男性は、カンガルー、ラクダ、キンポウゲ、キノコの写真を見せられても、それらが何かまったく答えられなかった。その一方で、懐中電灯や羅針盤についてはその名前や使い道について、容易に正しく答えた。

側頭葉に損傷を受け、生物について理解することができなくなった人たちの、食べ物の認知に関する混乱も深刻な事態を引き起こした。

ある女性は食べ物を認知・分類することができず、オムレツを「ケーキ」、パンを「果物」と表現した。コーンフレークやハチミツ、マーマレード、スープが何なのかを言うことができなかった。

自然のなかでの狩猟採集生活に適応しているわれわれの脳は、食べ物を認知するとき、たとえそれが加工されたものであっても、生物を認知する領域も活動させて、はじめて加工食物の分類ができるらしいのだ。

こういった人びとの苦しみをさらに分析していくと、脳内の生物認知専用領域のダメージは、単に、生物の認知の不具合を引き起こすだけでなく、われわれが生きるうえでの、もっと根本的な土台をも蝕《むしば》むことがわかってきた。

外界にあるもの（その多くは生物に関係している）を認知して命名し分類することは、われわれが外界を理解するときの根本的な活動なのである。それができなければわれわれは、外界を理解するという、生きるための一番の土台を築けないのだ。

そんなことも考えながら、まさに外界を発展させている時期のホモ・サピエンス、つまり子どもたちの行動を見てみよう。

私の息子は幼いころ、家の庭で友だちと一緒に、私がつくった小さなカマドの上に空き缶をのせ、そのなかに、彼ら自身の小便を入れ、そのなかに**たくさんのダンゴムシを入れて煮たのだ！**

それを見た私は、あっけにとられ、ダンゴムシをかわいそうに思ったが、でも息子たちを叱らなかった。

懸命に、そして好奇心いっぱいに「外界の、生物を中心にした事物・事象の特性を学びとろうとする」**幼いホモ・サピエンスの姿を息子たちのなかに見た**からである（父さんはえらい！）。

じつを言うと、私も、子どものころ息子たちと同じような、ある意味での実験をよく行なっていたのである。カナヘビに赤チン（われわれが子どものころは傷の消毒に使う塗り薬の定番だった）を飲ませたり、アブラゼミの体にいろいろな重さの石をくくりつけて飛ばしたり……。

今でもそのときの、**わくわくする気持ち**は覚えている。

いったい、どうなるんだろう、というわくわくする気持ち。きっと脳内の生物認知専用領域がばりばりに興奮していたにちがいない。

ダンゴムシやカナヘビやアブラゼミにいろいろな操作を加え、その変化を、視覚はもちろん、触覚や嗅覚や聴覚、時には味覚も駆使して五感でつかみとっていく。そんな体験を通して、外界の事物・事象をより掘り下げながらまとめ上げ、外界認知を深めていくのだろう。それが**ホモ・サピエンスにとっての自然で健康な特性**なのだと思う。

はたして、現代の日本を含めた国々の子どもたちは、そういった、ヒト本来の、ヒトの脳の健康な発達に必要な体験をどれほどしているだろうか。そういった体験ができる環境におかれているだろうか。おそらく、その環境は間違いなく減少している。

けれども子どもたちの脳は、けなげにも、人工物に囲まれた環境、つまり本や映像、オモチャ、デジタルゲームのなかに生物的要素の刺激を見つけ出し、それらの情報にくぎづけになるのである。それが〝恐竜〟であったり、〝ぬいぐるみの動物〟であったり、〝ポケモン〟であったりするのだ。

子どもたちは、個々の生物的な存在を認知し、名前をつけ、分類し、外界の生物的世界を体系的にとらえようとするのである。

ちなみに、これまでのたくさんの研究は、少なくとも三歳の幼児でも、対象が生物かどうかを判断し、生物と無生物とは異なった特性をもっていると知っていることを示してきた。

幼児が生得的に知っている「生物の特性」とは、「内部の力によって動く」「不規則な動き方をする」「成長して大きくなる」「見た目を変えられても種類は変わらない」などである。

たとえば、幼児は、生物には「見た目を変えられても種類は変わらない」という特性があることを知っているため、実験で質問をされた幼児のほとんどは、アライグマの毛を刈って着色し、スカンクのような縞模様の体にしても、アライグマはアライグマだとはっきり言うし、尾や耳や脚を失ったイヌも、イヌだと断言した。

一方、テーブルを少し加工してベッドのようにしたら、幼児は、テーブルがベッドになった、と言ってもそのままその言葉を受け入れる。

無生物は「見た目を変えられても種類は変わらない」という特性をもってはいないことを、生得的に知っているのである。無生物について認知する脳内の場所は、側頭葉内の上側頭溝と側部紡錘状回（生物認知専用領域が存在するところ）とは別な場所であることも科学的研究によってわかっているのだ。

繰り返すが、このような生物認知専用領域が健康に発達するためには、五感を通しての本物の生物との持続的なふれあいが必要であることは言うまでもない。

最後に、生物学や心理学の分野で〝知の巨人〟と呼ばれている研究者のなかには、生物認知専用領域の発達が、ほかの種類の認知専用領域（たとえば、物体認知専用領域や対人認知専用領域など）の発達をも助ける、と考えている人たちがいることも紹介しておきたい。

生物学の〝知の巨人〟、E・O・ウィルソンは次のように述べている。

「ナチュラリストの認知力は、たとえば産業社会の実務的な活動を含む他のさまざまな分野でも能力を発揮します」（『創造　生物多様性を守るためのアピール』紀伊國屋書店、岸　由二訳）

心理学の〝知の巨人〟ハワード・ガードナーは、「幼い子供が、植物や鳥、恐竜をやすやすと区別することがあるが、スニーカーや車、ステレオセット、おはじきなどを分類するときにも同じスキル、つまり知能を利用している」（『ＭＩ：個性を生かす多重知能の理論』新曜社、松村暢隆訳）と述べている。

私はもちろん〝知の巨人〟などではないが、もう一度こう言いたい。

脳には生物の認識に専用に働く領域がある！

適切な自然からの刺激があれば、脳内の生物認知専用領域は自らそれらを吸収して発達し、われわれ自身が心身ともに健康に生きるうえで大きな力になってくれるのだ。

第4章

ポケモンGOはなぜ人気があるのか

推察する、探す、採集する、育てる、自慢する………
狩猟採集生活がそこにある!?

私は以前、大学の廊下にいた「イトマル」（ポケモンの一種）を捕獲したことがある。ポケモンGOがスタートしてしばらくしたころだ。結構、迫力があって面白かった。

ところで、そもそも私は、**大学の廊下で、リアル動物を見つけたり、**それを捕まえたりすることにかけては、きっと学内の誰にも負けないだろうし、リアル動物に出合う幸運についても**（多くの人はそれを不運と言うかもしれないが）**、誰にも負けないだろう。

情報をもとに推察して探し、発見して捕獲する。

ホモ・サピエンスの心身の遺伝子に暗号化されている〝狩猟採集〟の習性が活性化しないはずはない。

自然が身近にある大学なので、動物も、光に誘われたりして（さらに、誘われたその動物たちをねらって）建物のなかに入ることが多いのだろう。

小さな動物では、アリ、ヤスデ、カゲロウ、ダンゴムシ、ケラ、ゲジ、ハサミムシ………、少し大きくなると、ヤママユガやオオミズアオをはじめとした蛾類、カマキリ、ハナムグリ、クワガタムシ、カブトムシ、時には絶滅危惧種のタガメなども、爬虫類では、シロマダラ（ヘビ）、ヤモリ、鳥類では、スズメ、イソヒヨドリ、シメ……、ちょっと変わったところでは、スナガニ（これは外から廊下に、ではなく中から廊下に、だ。理由はあとでお話しする）、コウモリ（これもあとでお話しする）、そしてヤギ（これはなんとしてもあとでお話ししなければならないだろう）。

ということで、最初に、スナガニ、コウモリ、ヤギについてちょっとだけ。

スナガニは日本全国の海岸に生息するポピュラーなカニである。砂浜に二〇〜六〇センチくらいの深さの穴を掘り、夕闇が迫るころになると穴から出て餌（砂浜に打ち

スナガニは日本全国の海岸に生息するポピュラーなカニで、砂浜に20〜60cmくらいの深さの巣穴を掘る

寄せられた動物の死体や藻類など）を求めて活発に動きまわる。

春、夏、秋の砂浜に行くと、浜と海と空は、それぞれの季節ならではの風景で私を迎えてくれる。そして、打ち寄せる波の手が届かなくなるあたりから山手側に向けて、スナガニが掘った大小の巣穴が、**生物好きにとってはこたえられない光景**を生み出し、それらの巣穴に吸い寄せられるのは、もうしかたのないことなのだ。

ところで、ある日、砂浜を訪れた私は、このスナガニたちが、お互い同士を、そしてお互いの巣穴を、どんなふうに感じて暮らしているのか、知りたくてしかたなくなってきた。

そこで、大学の研究室に、一五〇×七〇×高さ六〇センチの大きなプラスチックの容器を置き、そのなかに砂を運びこみ、五匹ほどのスナガニを入れて、彼らの行動を調べることにした（このあたりから**〝廊下のスナガニ事件〟**が動きはじめる）。

スナガニたちは、それぞれ何個の巣穴をどんな位置に掘り（一定の範囲のなかに複数、隣接させて掘るのか、それとも離れた場所にランダムに掘るのかなど）、ある個体が掘った穴はその個体しか使わないのか、共同で使うのか。そこにどんなルールがあるのか……。

「成果」についてはまた別の機会にお話しするとして、**スナガニは〝移動〟に関して、**今でも

スナガニは夕方になると穴から出て、餌を求めて活発に動きまわる

私には確認できていない**ある能力をもっている**らしい。

飼育容器の縁には、スナガニが絶対外へ出られないように、「ネズミ返し」ならぬ「スナガニ返し」をつけたのだ。

写真を見ていただきたい。内側に向かって幅一〇センチくらいの発泡スチロールでできたひさしを取りつけ、スナガニが逆さになって天井を移動できなければ外に出られないようにしたのだ。

ところが、私がスナガニたちを人工砂浜に放してから**三、四日後に事件は起こった。**

私が廊下を歩いていると、清掃の人が教えてくださったのだ。

「先生、二階の階段のところにカニが二匹いま

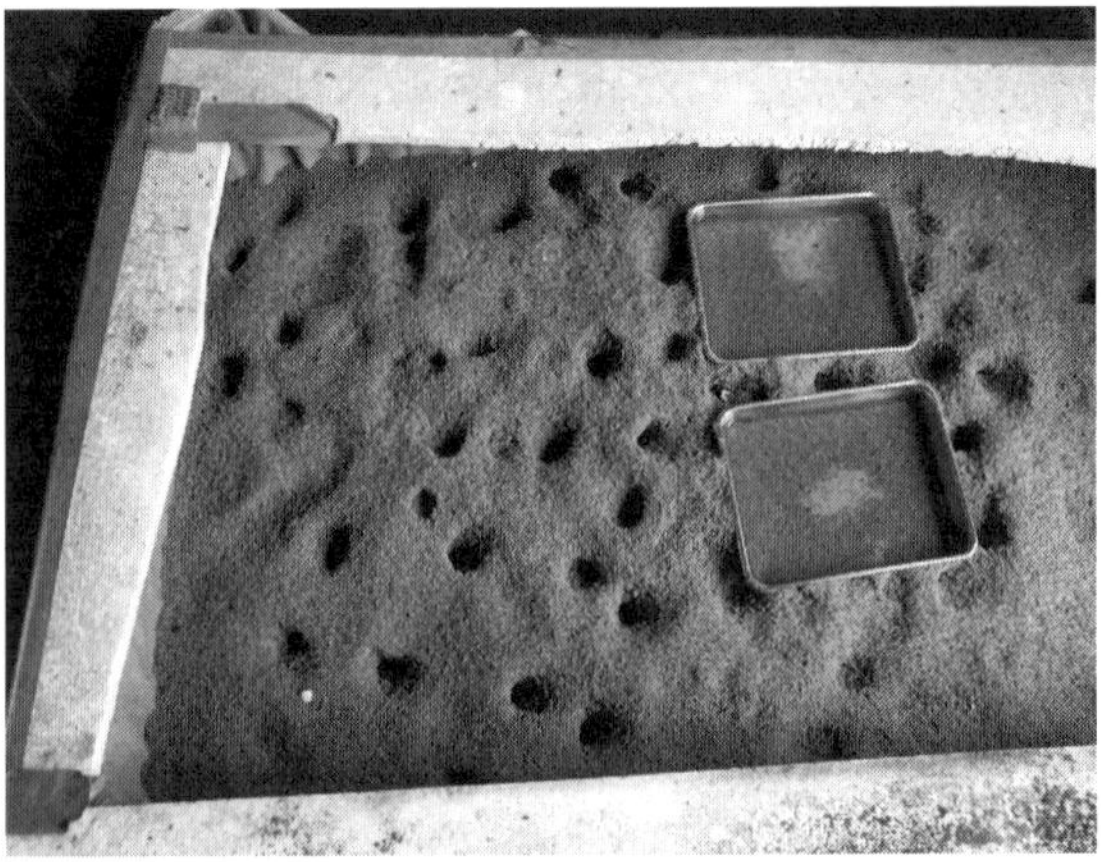

スナガニがお互いをどう感じて暮らしているかを観察するために、プラスチック容器に砂を入れ、5匹ほどのスナガニを研究室で飼うことにした

したよ」

それを聞いて私は、最初、何のことかわからなかった。でも、さすがに少ししてそのカニと私のところのスナガニが結びつかないわけはなかった。

でも、それがうちのスナガニだとすると、スナガニは、あの飼育容器から出て（いや、ありえないだろう）、さらに研究室のドアから廊下に出た（それはありうるかもしれない）ことになる。それも二匹一緒に⁉

「とりあえず、二匹のカニがいるという階段に行ってみよう」

私の気持ちは**結構、高ぶっていた。**

それがうちのスナガニであっても、そうではなくても、いずれにしろ……**面白い！**

私はワクワクしながら、清掃の人から教えてもらった場所に進んでいったのだ。

するとどうだろう！

二階から三階へ上がる階段のちょうど中間あたりの〝段〟の隅っこに、二匹のスナガニが体を寄せてじっとしていたのだ。

私は、それらが実際にスナガニであることに驚き、同時に、**二匹が一緒にいることに驚いた。**

スナガニは群れをつくるような動物ではない。しかし、二匹が一緒にいたということは、互いに、**「よし、今だ。行くぞ！」**……**「こっちこっち」**………みたいなコミュニケーションを取りあいながら歩いて行った、ということなのだろうか。

いまだに謎である。


次は、オヒキコウモリという結構大きなコウモリとの出合いだ。

それは、心地よい暑さを感じる春のことだった。

アカハライモリの調査を終えて午後七時ごろ、大学にもどった私は、一階と二階の間の踊り場で、学生のＩくんに出会った。

するとＩくんが興奮気味の顔で言うのだ。

「さっき先生にメールしたんですが、**巨大なコウモリが一階のドアの内側で飛びまわっていて、**天井の隙間に入りました」

イモリ調査で心身は結構疲れていたが、その言葉で**私はよみがえった。**

Ｉくんと一緒に廊下を飛んでいって（そんな気分）、巨大コウモリが入ったという場所に着いた。

もうかなりワクワクだ。

頭のなかでコウモリの姿を想像し、Ｉくんが、巨大コウモリが入っていったという隙間を、傘立てをいくつか重ねた上にあがってのぞきこんだ。しかし残念ながら、そのときは巨大コウモリを見ることはできなかった。

ところがその次の夜である。巨大コウモリが再び廊下に現われた。

学生のＭくんたちが遭遇し、私に教えてくれたのだ。

確かに「巨大」というには無理があったかもしれないが、**いや、私は感動した。**

キツネのような顔のオオコウモリ類以外のコウモリで、これだけの大きさのコウモリはいないだろう。それはオヒキコウモリと呼ばれる、日本で

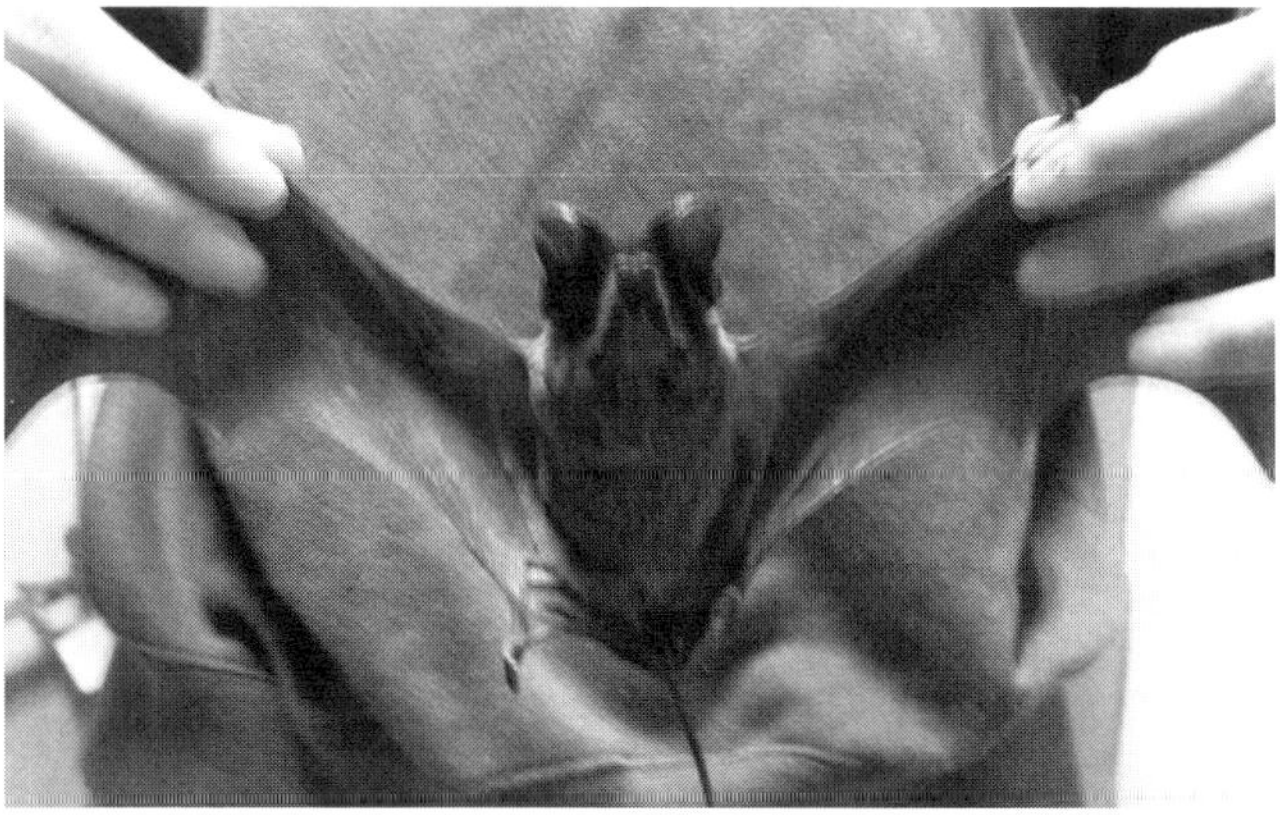

大学の廊下を飛んでいたオヒキコウモリ。日本でも繁殖場所が数カ所しか見つかっていない、めずらしいコウモリだ

も繁殖場所がまだ数カ所しか見つかっていないめずらしいコウモリだったのだ。

もちろん鳥取県で見つかったのははじめてだった。

そのコウモリが廊下を飛んでいたのである。廊下という比較的狭い閉鎖空間、かつ、天井からの照明光を背に受けたシルエットが、コウモリをいっそう大きく感じさせたのだろう。翼のはばたきの音も聞こえたような気がした。

いや、私はしびれた。

しびれながら網で捕獲し（私に網を持たせたら、そりゃあもう………）、餌を与えて休養させ、翌日、夜の空へ放してやった。

この件について詳しいことは、『先生、巨大コウモリが廊下を飛んでいます！』をお読みください。


さて、廊下で出合った印象深い三種類目の動物……**それは……ヤギである。**

私は、けっして、その存在を予測し、探していたわけではなかった。でもある日の深夜、教育研究棟の二階（一階ではない！）のトイレで出合ったのだ。**トイレの入り口を通りかかったとき、こちらを見つめるヤギがいる**ではないか。和式トイレで用をたして出てきたところだったのだろうか。

びっくりした。

そりゃあ、**びっくりするぞ。**………嘘だと思われるなら、あなたも、深夜、トイレから出てくるヤギと突然、出合ってみたらいい。

そして私は言ったのだ。

「ミルクさん、どうしたの！」

そう、そのヤギは、私が顧問をしていたヤギ部のヤギだったのだ。つまり数年来の旧知の仲だったのだ。

私は深夜のトイレの前の廊下で、反芻しながらもぐもぐ口を動かすミルクに、近況を尋ねたり、いろいろな愚痴を聞いてもらったりした。一〇分ほどたっただろうか。

深夜、教育研究棟の2階のトイレのなかからヤギ部のミルクがこちらを見ていた！　いったいどうやってここまで来たのだろう？

やがて私はミルクを連れて階段を下り、放牧場にもどってもらった。

その後、私のほうは研究室にもどりながら、ミルクがどうして二階のトイレにいたのか思いをめぐらした。

一階ではなく二階だったということは、ミルクは階段を上ったということだろう。それはありうることだ。なにせ、ヤギは高いところへ上るのが大好きだからだ。

では、**どうして建物のなかに入って来られたのだろうか。**

自動ドアが開いた？

いや、夜遅い時間には、「自動」は働かなくなっている。

そもそも、私に出合う前に**ほかの誰かに出合わなかったのだろうか？**

深夜だとはいえ、私以外にも建物のなかに人はいる。もし出合っていたとしたら………、何も見なかったことにしてその場を立ち去ったのかもしれない。

さらに、なぜ放牧場から出ることができたのだろうか？

思索はつきない。

このようにして、私は、**「探す」ことのスリル**は味わわなかったものの、**「捕獲する」ことや**

「ふれあう」ことや「推察する」ことの面白さを存分に体験したのだった。

以上、私が、大学の廊下でリアル動物と出合った三つの体験である。

さて、本題に入ろう。

ただし、「本題」とは言っても、いわば、ここまでお話ししてきた私の体験の「小学生」版みたいなものである。つまり（読みすすめられれば、なるほど、と思われるだろうが）、「探す」こと、「捕獲する」こと、「ふれあう」こと、「推察する」ことにスリルや面白さを感じることは、狩猟採集に適応したホモ・サピエンスの脳に備わっている心理特性なのである。

では……。

毎年六月になると、大学の近くの小学校の先生から授業の依頼がくる。

「虫をとってすみかをつくろう」という授業である。

二年生七〇人くらいの子どもたちが、片手に網、片手に虫カゴ、そして肩から水筒を下げてやって来るのだ。

迎えるのは、私と六、七人の学生たちだ。

まずは、担任の先生たちの号令でちびっ子たちは、建物が陰をつくっている、いつもの場所に並んで座る。**〝虫博士〟ということになっている小林先生**（私のことである）のお話を聞くためである。

私は、いつも、できるだけ、子どもたちと対話するような形で話をする。

これから行なうことの確認や、そのためにはどんなことに気をつければよいのか、といったことを子どもたち自身の頭で考えてほしいと思っているためだ。

ちなみに、私がいつも質問することの一つに、**「すみかのなかには何を入れないといけない？」**というものがある。そして、その質問をするときには、一部の心理学者や動物行動学者の間で研究テーマにされている**「擬人化思考」**という認知活動（第1章を参照してください）を利用することがある。

私は、ちびっ子たちに聞くのである。

「みんなねー、ここに小屋を建てて、そのなかで、今日、明日、あさって、これから三日間、暮らしてください、と言われたら、**どんなものが欲しい？**　トイレは外にあるとして」

するとちびっ子たちは元気に手をあげて、いろんなことを言ってくれる。そのなかで必ず、「食べ物」や「水」や「休んだり寝たりする場所」があがってくる。

６月に、近くの小学校からの依頼で、「虫をとってすみかをつくろう」という授業を行なっている

その上で私は言うのである。

「そうかー、食べ物や水や休む場所がいるんだね。だったら、みんながこれから捕まえる虫たちのすみかにも、そういうものを入れてあげないといけないねー。じゃあ、虫を捕まえる前に、その虫がどんなところに隠れていたか、どんなものを食べていたか、よく見ておいてね。きっと虫の種類が違うと、隠れているところや食べているものも違うよ」……みたいに。

私は子どもたちに、それぞれの**動物たちの〝習性〟に目を向けさせたい**のだ（第5章を参照してください）。

もちろん、子どもたちは、いったん原っぱに行くと、もう**夢中になって虫を追い**

虫カゴのなかに、とった虫と、虫が暮らすために必要なものを入れる

（なかには虫を怖がって草のなかに入りたがらない子どももいるが）、虫がくっついていた**草などは眼中に入らない**ような勢いの子どももいる。

そこで、学生たちの出番になる。

子どもたちの夢中さを損なうことなく、それぞれの虫たちがどこにいたか、草に残った食痕などにさりげなく注意を向けさせるのである。そして、子どもたちと相談しながら、草や葉、枯れ葉、土などを、すみかをつくるときの材料としてカゴに入れさせるのである。

さて、こんな〝授業〟をやっていて、そのたびにいつも感心することがある。

それは、子どもたちの**虫に対する思いの強さ**である。たとえば、次のような例からもそれはうかがえる。

男の子ばかり五、六人を担当した学生のTくんは、いつもの採取場所であるキャンパス西端の原っぱから少し場所を変え、道路に面した林に入った。そこにはコナラやクヌギが適度な間隔をおいて生育している典型的な雑木林があり、そこでTくんは……一本一本の幹を足で蹴っていった。

おわかりだろうか。それは、かつては私もそうだった、**昆虫（特にカブトムシやクワガタム**

シ）**を心の底から欲する少年たちの常套手段**だったのだ。

幹にとまっているカブトムシやクワガタムシは、「振動を感じると足の爪を幹の表面から離し、そのまま下へ落下する」という習性をもっているのだ。捕食者から身を守る効果があるのだと考えられている。

下に落ちると草むらのなかに入りこんで、その姿は見えなくなる………、昆虫ハンター少年たち以外には。

Tくんのねらいはなかなか思いどおりにはいかなかったが、最後のクヌギの木を蹴ったとき、ノコギリクワガタが二匹落ちてきたらしい。そして、Tくんはクワガタムシをちびっ子たちの前で掲げて、その習性などについて説明しようと思ったときだった。

ちびっ子たちは、**もう興奮の真っただなかにいた。**

「ちょうだい」「ちょうだい」「ちょうだい」「ちょうだい」「ちょうだい」「ちょうだい」「ちょうだい」「ちょうだい」「ちょうだい」「ちょうだい」「ちょうだい」「ちょうだい」「ちょうだい」「ちょうだい」「ちょうだい」「ちょうだい」………！！！

それはそうだろう。自然のなかで出合うクワガタムシは、ホームセンターでケースのなかに入って売られているクワガタムシとはオーラが違うのだ。
林の背景のなかで、その五感の感覚とも相まって輝いて見えるのだろう。

そのあと何が起こったか？

ちびっ子のなかの二人が、Tくんが持っているクワガタムシに〝とびついて〟、見事、捕獲（！）したらしい。Tくんの述懐によると、Tくんとしては、とびついてきた子どもたちに半ば自分のほうから渡してやったのだという。

問題はそこからだ。

ほかの子どもたちはもう羨望の極致に達し、Tくんに、ぼくもほしい、ぼくもほしいと迫り、泣きだす子どももいたという。

こんな例もある。

女の子たちを担当した学生のFさんは、一匹も虫がとれていない子どもたちのために、と、草地の地面を探しつづけ、ちょこまかちょこまか動くオケラを見つけた。彼女自身、オケラを手に取ったのははじめてであり、その柔らかな腹部にさわったり（オケラのお腹はさわると気持ちいい！）、顔をじっくり見たりして、**「〇〇ちゃん、ほら、かわいいよ」**と女の子に差し出したそうだ。

そしたら**〝事〟が起こった。**

Fさんの言葉に反応したまわりの子どもたちもオケラを見て、私にも「ちょうだい」「ちょうだい」「ちょうだい」の大合唱となったという。

ちなみに、確かにオケラの顔はかわいい。ただし、土中に道や巣室《そうしつ》をつくって暮らす生活に適応した四肢をはじめとした体のつくり、さらには、飼育してみるとわかるのだが、巣室のなかに卵を産みつけてかいがいしく子育てをするその習性は、かわいらしさとは異なった愛おしさのようなものを感じさせてくれる。

私の仮説では、「性差を問わずホモ・サピエ

草地で見つけたオケラ。お腹はさわると気持ちいい

ンスでは、**幼稚園から小学生低学年くらいの年代が、野生生物を中心とした自然の事物・事象について最も多くの知識を吸収する時期である」**。

親の保護のもとで、少しずつ、潜在的な危険を有する自然物について、それぞれの野生生物の習性などを学ぶことにより、一人で活動するようになってから適切な行動がとれるように〝多くの知識を吸収する〟のである。そんな学習の原動力となるのが、**対象への強い好奇心である。**

一方、このような時期に**虫との接触をもたなかったホモ・サピエンスはどうなるだろうか。**おそらく、虫の習性など知らない状態で、とにかく虫であれば十把《じっぱ》ひとからげに〝気持ち悪い〟存在と感じて、それがその後の人生においても続いていくのではないだろうか。

くどいようだが、それぞれの種類の虫の習性を知らないとき、それらを〝気持ち悪い〟存在と感じること、それ自体は狩猟採集生活において適応的なことだと思う。相手は潜在的な危険を有する存在だから、まずは〝気持ち悪い〟と感じてすぐには手を出さないのである。

しかし狩猟採集生活のなかでは、**自分をつき動かす好奇心**によって、保護者などのもとで、少しずつ、危険なところも学びながらさわる体験を繰り返す。やがて、個別に虫を理解し、それはもう漠然とした〝気持ち悪い〟存在ではなくなるのだ。

現代日本の、自然物との十分な接触を妨げられた子どものホモ・サピエンスたちは、その多くが、つまり、強い好奇心をもっているにもかかわらず、虫を〝気持ち悪い〟と感じなくなる体験を妨げられているわけだ。だから〝気持ち悪い〟気持ちはその後もずっとそのまま脳内にとどまり、多くの大人のホモ・サピエンスが虫を〝気持ち悪い〟と感じるのだ。

さて、そろそろいいだろう。私は思うのだ。

子どもたちが、あるいは大人たちがポケモンGOに熱中するのは、「虫をとってすみかをつくる」活動と本質的な部分で同じだからではないだろうか。

ポケモンGOのなかには、「推察して（考えて）探し」、「見つけて捕まえ」、「習性についてより理解を増す」といった要素が入っている。「育てる」という要素や「競う」といった要素も含まれている。まさに「虫をとってすみかをつくる」活動であり、狩猟採集活動である。

このような活動への強い関心や好奇心を生み出すのも、脳内の生物認知専用領域の働きだと思われるのだ。そして、そんな回路がホモ・サピエンスの生存や繁殖にどれほど大切であったか、現代においてその回路を不活性にしたままで生きることが、どんなにわれわれをアンバランスな状態にさせているのか、少なくともなんらかの影響があることは確かだろう。リアル生物の習性や生態を感じられる体験には、ポケモンＧＯでは補いきれない、生物認知専用領域を豊かに活性化させる要素がたくさんあるのだ。

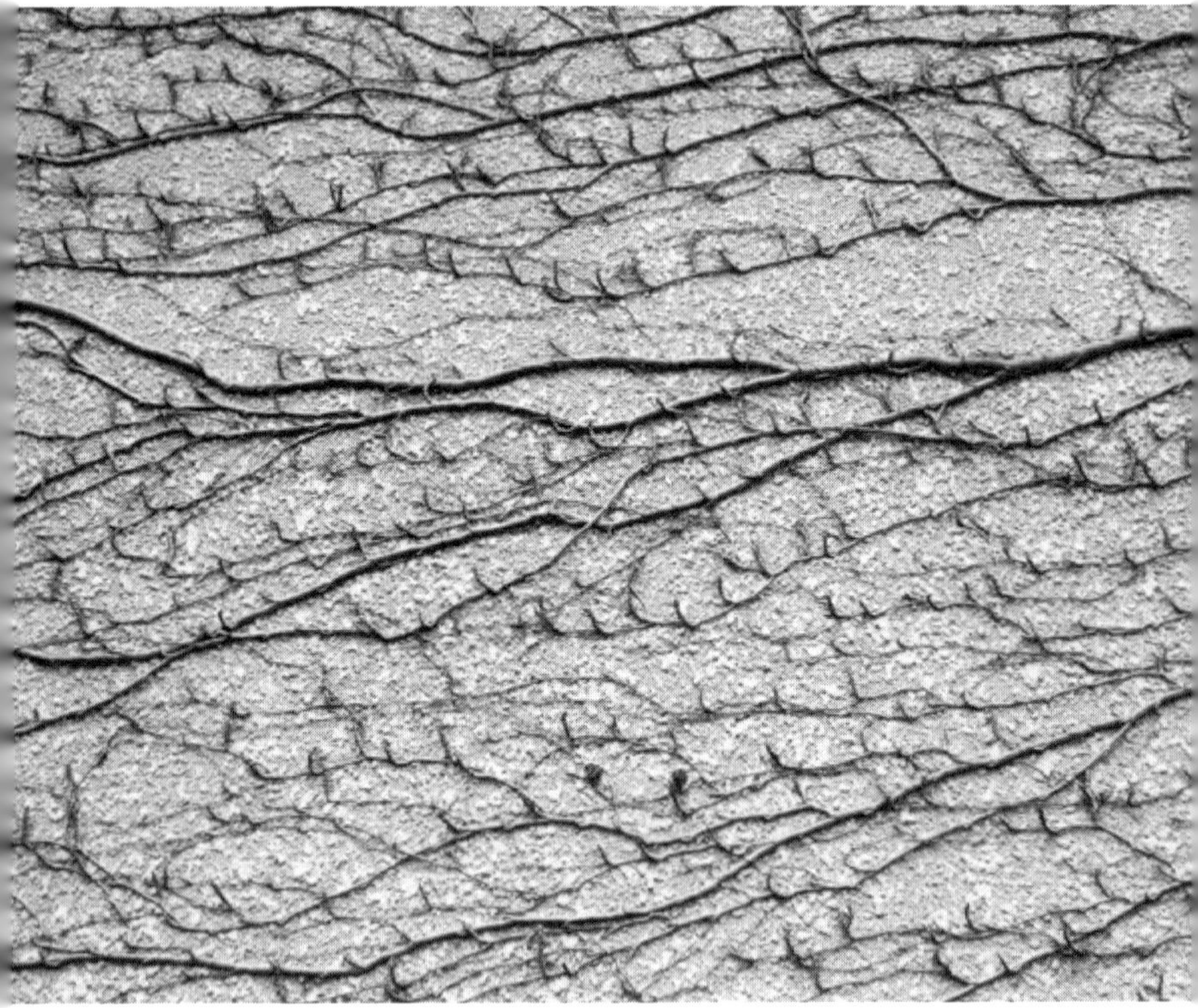

第5章
狩猟採集民としての能力と学習の深い関係

ヒトの脳は、生物の「習性・生態」に
特に敏感に反応する

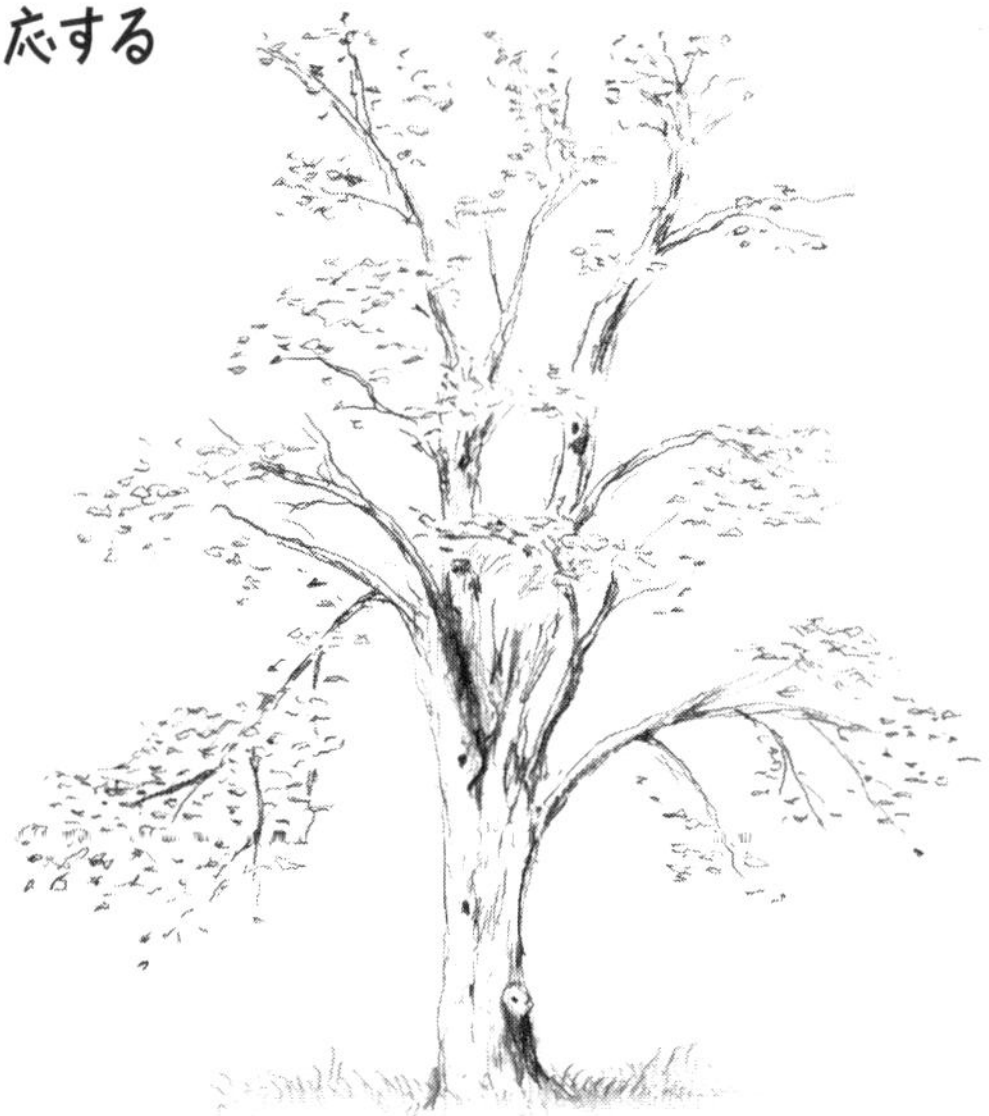

〝日本の動物行動学の父〟と言ってもよい故・日高敏隆先生は、ひと昔前、「ＤＮＡの解明こそ生き物の理解のすべてだ」「ＤＮＡがわかれば生物はわかる」といった分子生物学者の声が生物学の世界に鳴り響いていたころ、一貫して次のような意味の言葉を発されていた。

生物は、それぞれの種によって生き方が違う。だからそれぞれの生物の生き方を見つめ、それらの違いをもたらしている理由も含めて生き方を理解することが大切だ。ＤＮＡの解析もそれぞれの生物の生き方と結びつけてなされるべきだ。

また次のような意味のことも言われていた。

研究の価値は何が明らかになったか、ということだ。そしてその研究から得られた知見の価値を見きわめる重要な基準は、その知見が「面白い！」と感じられるかどうかだ。面白いと感じるということは、その知見が今までにはない、あるいは人の常識を覆《くつがえ》す、新しい内容であることを示している。

そういう知見を得るためには、対象とする生物の本来の生き方をじっくり見つめることがとても大切だ。最近は細かくて複雑なことを測定できる高額な機器ができ、それらを使うとたくさんの詳しいデータを得ることができる。でも、気をつけなければならないのは、そうして行なわれた研究が、結局、何を明らかにしたか、ということだ。内容的にはそれまでの研究とほとんど違わない、たくさんのデータが記載されただけの論文も多く出版されている。

必ずしも高価な機器は使わなくても、観察と発想で、面白い、価値ある研究はいくらでもできる。

（当時、高校で生物を教えていた私は、日高先生の一連の言動にとても励まされた。それについては後でまたお話しする。）

その後、生物学は、日高先生の言葉を証明するように、それぞれの生物種独自の習性・生態・生活を重視する方向に進んでいった。長い進化の過程を経て、それぞれ異なった環境への適応として、異なった形質を発達させていったという事実は、生物を理解するうえで大きな大きな重みをもっていたのである。その重みは、分子生物学の研究においても同じだった。

ちなみに、世界的に有名な動物行動学者マリアン・ドーキンスは、最近、日本でも翻訳された『動物行動の観察入門』（白揚社）で、研究における「観察」の重要性を、さまざまな具体例を示しながら説得力をもって主張している。

対象とする生物の生活のなかに見える習性・生態をじっくり観察すること、そのなかから生まれた発想、仮説を、（高価な実験機器ではなく）本質をついた簡便な装置や手順で検証していく。分野にもよるが、科学に新しい展開をもたらした研究の多くがそのようにして生まれてきているのだ。


習性・生態に関してもう一つ、余談を。

私は**動物の〝かわいらしさ〟が好きだ。**最近はニホンモモンガや、数種の洞窟性コウモリの顔やしぐさのかわいらしさに心癒やされる時間をたびたび体験している。しかしだ。私は同時に、このような〝かわいらしさ〟は、それぞれの動物がもっている**もっともっと深い魅力に比べればほんの一要素にすぎない**こともよーく知っている。

〝かわいらしさ〟だけにひかれて動物と接することは、その動物がもつ魅力を〝かわいらしさ〟という遮蔽物で隠されながら接しているようなものだ。**とてももったいない**ことなのだ。

その〝かわいらしさ〟という遮蔽物に隠された深い魅力こそ、それぞれの動物がもっている

「習性・生態」なのである。

たとえばニホンモモンガは、「冬も冬眠することなくスギやカシ類などの常緑植物の葉を食べ、雪が積もっても影響を受けない地上五、六メートルの樹洞の巣を利用し、寒さ対策として、断熱効果の高いスギの樹皮（を細く裂いてつくった繊維）を巣材に使い、しばしば数頭が同じ巣穴に入って、押しくらまんじゅうのような状態で休息する……」

そんなニホンモモンガの習性・生態、懸命な生活を知れば知るほど、彼らに対する共感は増し、思いやりのような気持ちも高まっていくのである。同時に、そんな共感が、彼らの生息地を守ってやりたいという気持ちも強めていく。（だからこそ、余計なことかもしれないが、動物たちのかわいらしさのみに注目する、最近のペットブームやテレビ番組に少し物申したい。）

日高先生が、研究において重要だ、と言われたそれぞれの生物種（動物だけに限らず植物もバクテリアも……）の「習性」「生態」「生活」の独自性こそが、それぞれの生物を地球上に生き残らせているのであり、生物を理解するうえで、その重要性は強調してもしすぎることはない。

ＤＮＡや細胞や組織・器官は、「習性」「生態」「生活」を通して存在しているのである。

少々理屈っぽい話になったがご容赦いただきたい。

でももう少し理屈っぽい話が続く。ごめんなさい。

さて、ここから本章の本題になる。これから私が力をこめて話したい内容の鍵は、やはり「生物の習性・生態」だ。

簡潔に言うと、(少々ややこしくなるが)「われわれホモ・サピエンスという動物がもつ習性の一つは、**〝ほかの生物の習性・生態に敏感で、ほかの生物の習性・生態に特に関心を示し記憶にとどめる〟という特性**だ」ということである。

その理由………。それは、ホモ・サピエンス本来の生活環境は、自然のなかでの狩猟採集生活(動物を見つけ追跡して狩ったり、植物を見つけて食べられる部分を摘みとったりしてそれらを食べて生きていく)だったからだ。つまり、自然のなかでの狩猟採集生活において、食物を首尾よく得るためには、まずは各種生物の習性・生態をよく知ることが何よりも大切だったのだ。

私はこれまで、いろいろな動物の行動や心理を動物行動学の視点から調べてきた。動物行動学の視点というのは、ザックリ言うと、「その動物の行動や心理は、動物が生き残り、子孫を残すことをどのように支えているのか」「その動物の行動や心理は、生存・繁殖にどのような利益をもたらしているのか」というものである。

たとえば、ニホンモモンガが巣材に使うのは、少なくとも鳥取県内では、スギの樹皮なのであるが、「ニホンモモンガが巣材にスギの樹皮を使うことは、ニホンモモンガの生存・繁殖にどのような利益になるのか」という視点からその答えを求めていく（暫定的な答えは、スギの樹皮を裂いてつくった巣材は保温力が高く、耐水性も高い、ということだ）。

そして、私がそうやって調べてきた動物のなかには、ホモ・サピエンスも含まれていた。ヒトの動物行動学である。

私はヒトの行動をいろんな場所で観察してきた（今でもそうだが）。

そして浮かんできた仮説が先の仮説、「われわれホモ・サピエンスという動物は、ほかの生物の習性・生態に敏感で、ほかの生物の習性・生態に特に関心を示し記憶にとどめるという特性がある」、つまり「ヒトの脳は、生物の『習性・生態』に特に敏感に反応する」だ。そして、同時に、その理由として考えたのが、「ヒト本来の生活環境である〝自然のなかでの狩猟採集生活〟において、食物を首尾よく得るためには、まずは各種生物の習性・生態をよく知ることが何よりも大切だから」というものだ。

ホモ・サピエンス二〇万年の歴史のなかで、九九パーセントは〝自然のなかでの狩猟採集生活〟を送っており、そういう行動・心理特性を生み出す脳（の神経配線）の設計図となる遺伝子は、短期間では変化することはない。現代人の脳もそのような神経の配線になっているはずなのだ。


私は、ヒトという動物を理解するうえで、特に**「ヒトの精神と自然とのつながり」を調べる**うえで、この仮説はとても重要だと思い、実験による仮説の検討をしたいと考えた。そして六年ほど前、**実際にその実験を行なってみた**のだ。


そう思い立ったとき、実験の場はすでにほぼでき上がっていた。

そのころ私は、学生の有志たちと一緒に、地域の小学生を対象にした（中学生が参加することもあったが）自然教室を行なっていた。

実験は、そのプログラムのなかに入れこむ形で行なった。

実験についてお話しする前に、その自然教室の様子を少し、紹介させていただきたい。

下の写真を見ていただきたい（粗い写真ですいません。何とか残っていたプリントをスキャンしたのだ）。学生たちが準備していたときの一場面である。

自然教室にはたいてい、私が顧問をしている大学の学生サークル「ヤギ部」のヤギコというヤギにも参加してもらっていた。ヤギコは、ヤギならではの存在感で、自然教室に深みと笑いを与えてくれていた。

写真のなかのヤギコは、自然教室で使ういろいろな物品を置く台（簡易卓球台を代替品として使っていた）に前脚をのせ、遊

ヤギ部のヤギコが物を置く台（卓球台を使っていた）に前脚をのせて遊んでいた。それを見たOkくんが「ヤギコ、台が汚れるから下に降りろ」と叫んでいる

んでいる。それを見たＯｋくんが、**「ヤギコ、台が汚れるから下に降りろ」**と叫んでいるのだ。

いや、いろいろ楽しかった。

時間になり、地域の子どもたちが（時には親子で）集まってくると、**いよいよ自然教室の始まりだ。**

まず学生を代表してＹｎくんが開会の挨拶をし、基本的にはいつも次のような流れで進んでいった（ただし、その基本的な流れのなかで、毎回違った出来事が起き、また違ったオプションも用意し、自然教室は毎回、その回ならではの思い出を残してくれた）。

まずいくつかのグループに分かれ、こちらで用意しておいた**小さなかまどをベースキャンプ**にして、各自、竹や木で箸や茶碗などをつくる。そのあと、ホットケーキミックスでつくった生地を木に巻きつけたり、サツマイモをアルミホイルに包んだりして食べ物の〝もと〟をつくり、かまどに火をおこして、食べ物の〝もと〟を炭火にセットしておいて、次なる活動に移った。

一キロメートルほど離れたところにある山中の池に行くのだ。スタッフの一人が火の番として残り、全員で出発する。

池までの一本の細い山道は、野原や森やヒノキの斜面を横断し、子どもたちは五感でいろいろな自然を体験しながら進んでいく。

ちなみに、**ヤギコが一緒だといろいろな事件が起こる。**たとえば次のような……。

池までの山道は細い一本道なので、全員が一列になって歩いていく。

先頭は私で、最後尾は学生のスタッフだ。そしてヤギコは、というと、たいていは私のすぐ後ろ（つまり列の二番手）にしっかりついてくる。

私はそんなヤギコを見ながら、ヤギコの、というかヤギの習性に思いをめぐらすのだ。

地域の子どもたちを招いて行なっていた自然教室。1kmほど離れた山中の池に、全員で出発するところだ。みんなの前に写りこんでいるのは、ヤギコ

ヤギに近い野生種であるオオツノヒツジでは、移動のときに、群れ（メスばかりからなる群れをつくる）のリーダーが先頭を行き、上位個体がそれに続くことが多いらしい。つまりヤギコも、自分が私に次ぐ順位だという意識をもっているのかもしれない。

ところが、**ヤギであるヤギコは、悲しいかなヤギの別の習性をおさえることができず、**道の途中にある、日ごろキャンパスの放牧場では食べることができない植物（たとえばフユイチゴ）を見つけると、列から離れて飛びつくようにして食べはじめる。すると、当然、列は前へ進んでいき、**ヤギコは後方へ置き去りになる。**

やがてヤギコが顔を上げると、**「なんとあの者ども、私をこんな場所に置き去りにして、**どうして前にいるの！」みたいなことになる（のだろう）。

ヤギコはすごい速さで列に追いつき、私と、私の後ろのヒトの間に、角《つの》でつかんばかりの勢いで**割って入る。**

さて、池では、持ってきた網ですくったり、前の日に仕掛けておいたモンドリ（魚捕獲用の罠）を持ち上げたりして、何尾かの魚をとる。そして**狩猟採集の気分を味わったら、**獲物を持って、またみんなでベースキャンプに帰るのだ。

そして、ベースキャンプでは何が待っているだろうか？

そう、棒巻きパンと、ほどよく焼けたサツマイモだ。

さらに、池でとってきた魚を竹にさして塩焼きにし、身をみんなで分けて食べるのだ。

以上が自然教室のベーシックメニューであり、毎回、これにオプションを加える。


私は、念願の、「われわれホモ・サピエンスという動物は、ほかの生物の習性・生態に敏感で、ほかの生物の習性・生態に特に関心を示し記憶にとどめるという特性がある」という仮説を調べる実験を、そのオプションとして何度か行なった。

では**いよいよその実験についてお話ししよう。**植物と動物を題材にして、一種類の実験を行なった。ワクワクしながら。

ちょっと理屈っぽくなるが、ご容赦いただきたい。

一つ目の実験は、**植物に関する記憶を調べる**ものだった。

要は、八種類の植物を用意し、そのうちの半数は、**単なる物理的な位置という情報**をくっつけて認知してもらい、あとの半数は、それぞれの植物の**習性や生態の情報**をくっつけて認知してもらう。そして、自然教室が終わって一週間後、どちらの植物についてより鮮明に覚えているかを抜き打ち的に調べる、という実験だった。

具体的な方法についてお話ししよう。

まず、山の二〇〇×一〇〇メートル程度の広さのなかに道を設定し、道の途中に八カ所のポイント（A～H）を定めた。それらのポイントの半数（A～D）は山のなかの少し開けた場所に、そして残りの半分（E～H）は、道ぞいのうっそうとした林のなかやコシダが地表を覆う日当たりのよい斜面、林のなかの小さな池のほとり、などにした。

それらのポイントには、花の咲いた園芸植物を鉢ごと置いた。その園芸植物は、ホームセンターで購入したもので、それぞれ種類は異なるものの、大きさ、花の形や色はあまり差がなく、また、子どもたちにはなじみがないだろう（それまでにあまり見たことがないだろう）と思われるようなものを選んだ。

A～Dのポイントでは、花植物はどれも木でつくった台の上に置いておき、E～Hのポイントでは、あるものは木の幹にくくりつけ、あるものは竹の根元に置き、またあるものは池の水際に置いた（次ページの図）。

“うっそうとした林のなかの木にくっついている”花を見つけ、位置を記録する子どもたち
“竹の根元にある”花を見つけ、位置を記録する子どもたち

生物の習性・生態と記憶の関係を調べる実験
森のなかのA～Hの８カ所に花植物を設置した。Ａ～Ｄ（山のなかの少し開けた場所）では、花植物は木でつくった台の上に置いておき、Ｅ～Ｈ（うっそうとした林のなかや、日当たりのよい斜面、池のほとり）では、木の幹にくくりつけたり、竹の根元に置いたり、池の水際に置いたりした

これら八種類の花植物を探し出すのをゲーム（植物さがしゲーム）として、子どもたちに行なってもらった。

ゲームの開始に先だって子どもたちには、実施区域内につくった道とA～Dのポイントの場所を記した地図および、実施区域内に設置した八種類の花植物の名前入りの写真を配った。そして、それら八種類の植物のうち四つはA～Dのポイントにあり、残りの四つは、道の途中の「うっそうとした林のなかの木にくっついて」いたり、「竹の根元に生えて」いたり、「池のほとりの水際に生えて」いたり、「日当たりのよい急な斜面の木からぶら下がって」いる、と告げた。

つまり、A～Dの植物については、**空間的な場所における位置**を告げ、E～Hの植物については、それぞれの植物の**生育習性・生態を強調して位置**を告げたのだ。

最後に、「八種類の花植物を見つけ、その名前を地図上の正しい位置に記入するまでに、どれくらい時間がかかるか競争してください」と言ってゲームをスタートする。

このような設定のもとでは、子どもたちが植物を探してそれに出会う状況が二種類に分かれる。四種類の植物については地図を見ながらA～Dの場所を探し、その場所を発見するとそこに植物がある、という状況だ。一方、残りの四種類については、それぞれの植物の習性・生態を手がかりにして探し、その習性・生態を確認しながら各植物に出合う、という状況になる。

さて、このような実験を行なって私が調べたかったのは次のようなことだ。もし、ほんとうに、ヒトの脳に、「生物の『習性・生態』に特に敏感に反応する」という特性があったとしたら、子どもたちは、単なる道のなかの位置（A～D）という物理的な情報を提供されて見つけた植物よりは、「竹の根元に生える」といった**習性・生態を提供されて見つけた植物のほうをより深く記憶にとどめるはずだ**、という、繰り返しお話ししてきた仮説だ。

この仮説を検討するために、私は、自然教室が終わってから一週間後に、参加してくれた子どもたちに質問用紙を送った。その質問用紙には、自然教室全体についての質問にまぜこんで、次のような三つの質問も入れておいた。

(1)　一番さいごのページには一六種類の花の写真がならべてありますが、そのなかには、植物さがしゲームで山においてあった花がまじっています。一六種類の花のなかから、山においてあった花をえらんで記号で答えてください。

(2)　一番さいごのページにのせてある花のなかから、次のせつめいの花をえらんで記号で答えてください。

①Aのポイントにおいてあった。
②Bのポイントにおいてあった。
③Cのポイントにおいてあった。
④Dのポイントにおいてあった。
⑤うっそうとした林のなかの木にくっついていた。
⑥竹のねもとにあった。
⑦池のほとりの水辺にあった。
⑧日あたりのよいしゃめんの木からぶらさがっていた。

(3)　A～Dのポイントをさがして花を見つけるのと、花がある場所のとくちょうをてがかりにして花を見つけるのとではどちらが楽しかったですか。

質問用紙には、ゲームのときに子どもたちに配った〝道とA～Dのポイントの場所を記した地図〟を添付し、〝一番さいごのページ〟には、実際にゲームで使った八種類の植物と、実際には使わなかった植物の写真八枚、合わせて一六枚をランダムに並べて印刷しておいた（次ペ

ゲーム後のアンケートの最後のページにつけた花植物の写真
実際にゲームに使用した花植物の写真８枚と使用しなかった花植物の写真８枚
をランダムに並べてある

ージの図)。

学生のみんなに手伝ってもらい、私はこのような実験を、三度の自然教室で行なった。それぞれの回では、念のために、A～Dのポイントに置く花植物の種類と、E～Hのポイントに置く習性・生態の情報を与える花植物の種類とが逆の組み合わせになるようにした。花植物の種類によって、その形態や色合い自体が記憶しやすさの差をつくり出しているという可能性を排除するためだ。そして、最後まで質問に対する答えを書いてくれたのは合計で四三人(女の子三一人、男の子一二人)だった。その結果をまとめたのが次ページの図だ(ドウダ!)。

実験からわかったのは次のようなことだ。

(1)植物さがしゲームで使われた花植物のうち、設置場所(A～D)についての物理的な情報が与えられた花植物よりも、存在する場所の**条件(習性・生態)の情報が与えられた花植物**のほうが、一週間後、子どもたちに多く記憶されていた(その差は統計的に有意だった)。

(2)一週間後に記憶されていた花植物に関して、設置場所(A～D)についての物理的な情報よりも、**習性・生態の情報**のほうがずっと高い割合で記憶されていた。

(3)A～Dのポイントを探して花植物を見つける活動よりは、**習性・生態を手がかりにして花**

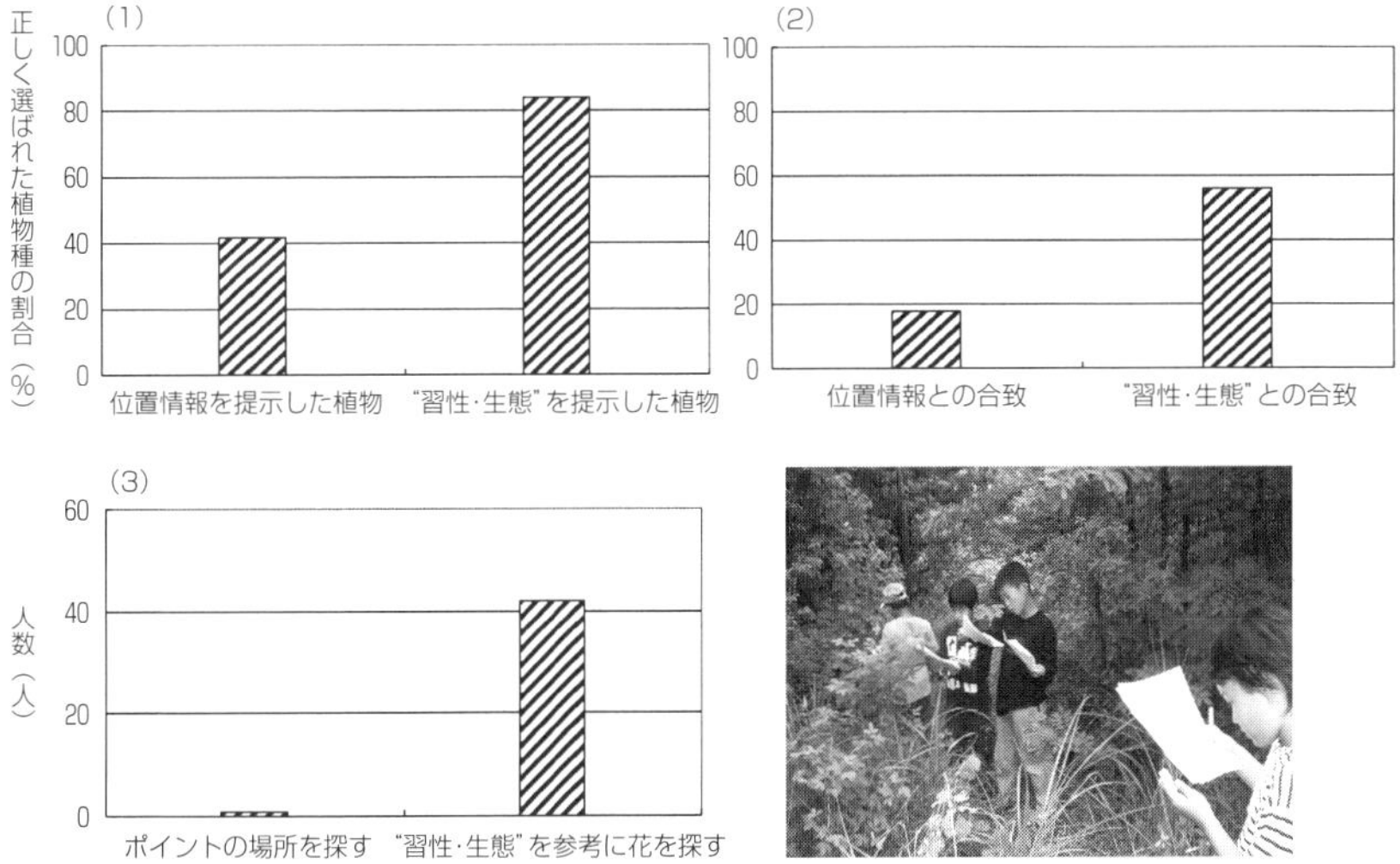

森で植物を探すゲームを行なった１週間後の記憶
(1) 記憶していた植物
(2) 植物があった場所と習性・生態に関する記憶
(3) より楽しかった活動の内容
合計43人（女子31人、男子12人）から回答があった。

その結果わかったことは、

＊設置場所について、物理的な情報が与えられた花植物（A～D）よりも、“習性・生態”の情報が与えられた花植物（E～H）のほうが、多く記憶されていた。

＊１週間後に記憶されていた花植物に関して、設置場所についての物理的な情報（A～D）よりも、“習性・生態”の情報（E～H）のほうが高い割合で記憶されていた。

＊物理的な情報（A～D）をもとに花植物を見つける活動より、“習性・生態”（E～H）を手がかりにして花植物を見つける活動のほうが、圧倒的に楽しいと感じていた。

植物を見つける活動のほうが、子どもたちは圧倒的に楽しいと感じていた。

これらの結果は、先に述べた仮説「ヒトの脳は、生物の『習性・生態』に特に敏感に反応するという特性がある」を支持していると考えられる。

子どもたちは、単なる道のなかの位置（A～D）という物理的な情報を提供されて見つけた植物よりは、「竹の根元にある」といった習性・生態を提供されて見つけた植物のほうをより深く記憶にとどめたわけだから。

ちなみに⑶の結果に関しては、**子どもたちの反応は大変印象的だった。**というのは、A～Dのポイントを探して花植物を発見したときは、どの子も比較的淡々としていたが、花がある場所の条件（習性・生態）を手がかりにして花植物を発見したときは、**「あった！」「やった！」**という声が聞かれたからだ。

ヒトも含めて動物は、自分の**生存や繁殖に有利に作用する活動には喜びを感じる**ようにプログラムされていると考えられている。子どもたちの反応は、探して見つけるという活動の一般的な楽しさもさることながら、生物の習性・生態に関する情報そのものがもつ魅力を物語っているのではないか、と私は思ったのだ。生物の習性・生態に関する情報は、狩猟採集生活を送ってきた私たちの祖先の生存や繁殖にとって、大変重要な情報だったと考えられるからだ。

この実験結果を見て、私はとても幸福な気分にひたった。私の知る限り、「生物の『習性・生態』に特に敏感に反応する」というヒトの脳の特性を、実験的に示した研究はこれまでまったくなかったからだ。

二つ目の実験は、**動物に関する記憶**を調べるものだ。先の実験と同じく、自然教室のプログラムのなかで行なった。手順は次のとおりだ。

自然教室の最初に、林の近くの広場に集まってもらう。まず、子どもたちの脳内の生物認知専用領域（第3章を参照してください）を高揚させるべく、すぐそばの林を眺めてもらいながら、林のなかにどんな動物、植物が生きているか説明する。ここでは、動植物の習性・生態などについての立ち入った話はしない。

次に、地面に置いておいたケースのなかから動物を一種類ずつ取り出し、それぞれの動物について習性や生態の情報と、それとは無関係な雑談的な情報とをランダムに二つずつ話していく。登場してもらった動物は、アカネズミ、アオダイショウ（ヘビの一種）、カナヘビ（トカゲの一種）、オオゴキブリ（日本の家に現われる嫌われ者のゴキブリとは種類が違って、林に

アカネズミ

アオダイショウ

カナヘビ

オオゴキブリ

棲む、大きくて動きもゆっくりしたカブトムシのようなゴキブリ）だ。

〝情報〟の分量は、習性や生態に関するものと雑談的なものとで、同程度になるように心がけた。また、情報には、人が聞いたら驚くような刺激的な内容は入れないように配慮した。なお、架空の内容については、実験後に事実ではないことを明かした。

以下が、それぞれの動物について子どもたちに話した内容だ。

◉アカネズミ

《習性・生態に関する情報》

Ａ「林のなかで土のなかに巣穴を掘るが、ヘビなどに襲われたときに逃げやすいように、巣穴には出口が二つ以上ある」

Ｂ「秋になると冬に備えてドングリを土のなかに埋めるが、ドングリの根がどんどん伸びていくと栄養が減っていくので、根が出ているドングリはまず根を切ってから土に埋める」

《雑談的な情報》

Ｃ「日本には動物がデザインされている切手はたくさんあるが、アカネズミは日本で最初に切手になった動物で、それが発行されたときは日本中で話題になった」（架空の内容）

D「アカネズミを大学の実験室のなかで飼っているとだんだん部屋が臭くなるので、エアコンの換気を最大にして空気の入れ替えをしている」

◉アオダイショウ

《習性・生態に関する情報》

A「毒はないが、口に入れた獲物が逃げないように、歯が奥のほうを向いて生えており、獲物が動けば動くほどなかに入っていくような仕組みになっている」

B「肛門のところには、鼻につーんとくるようなニオイを出す袋があって、外敵に攻撃されるとそのニオイを出す」

《雑談的な情報》

C「あるペット店ではこのヘビを二〇〇〇円で売っていたが、なかなか売れないので、一カ月ほどして一〇〇〇円に値引きしていた」（架空の内容）

D「ヘビの皮で財布をつくることがあるが、東北地方のある地域では、このアオダイショウの皮がよく使われる」（架空の内容）

◉カナヘビ

《習性・生態に関する情報》

A「草むらでバッタやコオロギなどを探して食べ、冬になると地面に穴を掘ってそのなかで体を丸めて冬眠する」

B「外敵に攻撃され尾が押さえられると、その部分が切れ、切れた尾は自力で跳ねて動く。カナヘビは、外敵が切れた尾のほうに注意を向けている間に逃げる」

《雑談的な情報》

C「大学で研究のために飼っているカナヘビは、一匹ずつ頭や背中に白色の絵の具で違ったしるしをつけて区別している。しるしは一カ月ほどすると落ちて消えてしまう」

D「フランスではカナヘビの一種が野球チームのマスコットになっていて、そのチームはとても強い」（架空の内容）

◉オオゴキブリ

《習性・生態に関する情報》

A「家にいるゴキブリとは違った種類で、林のなかの、倒れてなかがボロボロになった木のなかに棲んでいる。木のくずを食べて生きている」

B「オオゴキブリの仲間には、子どもと親が長い間一緒に暮らす種類もあり、子どもが小さいときは、親が子どもに餌を運んだり子どもを外敵から守ったりする」

《雑談的な情報》

C「日本のある画家は、このゴキブリのはねをすりつぶして粉にして絵を描いている。その画家は、このはねの黒光りの感じは、ほかのものでは代わりにならないと言っている」（架空の内容）

D「このゴキブリはタバコ三本分くらいの重さだが、死んで乾燥するととても軽くなりタバコ一本分くらいの重さになってしまう」（架空の内容）

以上のようにそれぞれの動物に対して、習性や生態に関するものと雑談的なもの、合計四つの情報を、ランダムに並べて話していく。

四つの情報の一つひとつは、細かく見ると二つの情報を含むようにしている。たとえば、アカネズミの習性や生態に関する情報で、「林のなかで土のなかに巣穴を掘るが、ヘビなどに襲われたときに逃げやすいように、巣穴には出口が二つ以上ある」については、「土のなかに巣穴を掘る」という情報と「巣穴には出口が二つ以上ある」という情報だ。

子どもたちに実物の動物を見せるのは、子どもたちの生物認知専用領域をなるべく活性化させるためだが、実物を見せながら話をすると、**ほとんどの子どもは興味津々**の顔で聞いてくれる。そして、動物についての話が終わったら、「では、自然教室の本番に入ろう」と言って、大体四時間程度のメニューを始める。自然教室の本番では、はじめに登場させた動物についてはいっさい話さないようにする。

さて、このような仕掛けをしておいて、自然教室が終わったら子どもたちに集まってもらって、**抜き打ち的に次のような依頼をする。**

Ａ５判程度の四枚の用紙（それぞれ上にアカネズミ、アオダイショウ、カナヘビ、オオゴキブリの動物名が書かれ、その下が余白になっている）を子どもたちに配り、「今日の自然教室を始めたとき、最初に四種類の動物について話をしましたが、それぞれの動物について覚えている話の内容をできるだけたくさん書いてください。ほかの人と話はしないで、自分だけで思い出して書いてくださいね」。

このようにして、子どもたちが思い出して書いた内容の結果をまとめたのが１４３ページの図だ。

得点は、A～Dそれぞれの項目が、二つの情報を含んでいるとみなし（たとえばアカネズミのAの場合、「土のなかに巣穴を掘る」という情報と、「巣穴には出口が二つ以上ある」という情報）、それぞれの情報がほぼ正しければ各二点、内容にふれているがそれが不完全であったり一部誤っている場合は各一点を割りあてる。したがって、たとえば、アカネズミの「林のなかで土のなかに巣穴を掘るが、ヘビなどに襲われたときに逃げやすいように、巣穴には出口が二つ以上ある」という情報をだいたい書いていれば四点ということになる。そのようにして、それぞれの情報に対する全員の得点を算出し、それを平均した結果をグラフに示した。

この結果にも**私はとても喜んだ。**

統計的な判定も行なったうえで、これらの結果が示していることは次のようなことだ。

(1)アカネズミとアオダイショウについては、習性・生態に関する情報A、Bはいずれも、雑談的な情報C、Dに比べ、よく記憶されていた。

(2)カナヘビとオオゴキブリについてはA、Bのいずれかが、CおよびDよりもよく記憶されていた。

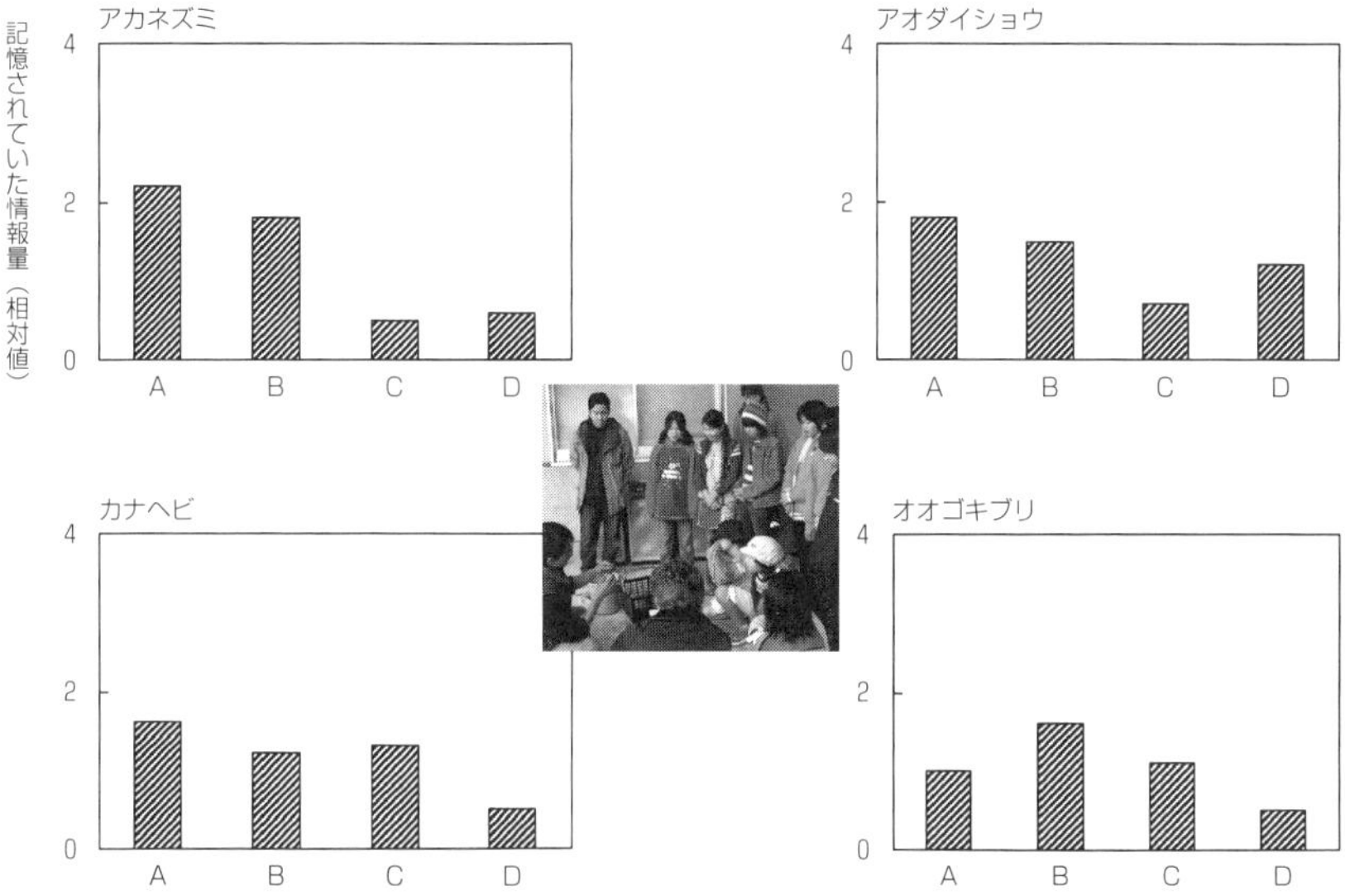

４種類の動物についての説明（A・B：習性・生態に関する情報、C・D：雑談的な情報）がどれだけ記憶されていたかを調べた実験の結果

自然教室の最初に、4種類の動物について、それぞれ習性・生態に関する情報（A・B）と雑談的な情報（C・D）を話し、自然教室終了時に集まってもらって、最初に話した内容で覚えていることをなるべくたくさん書いてもらった

わかっていただけたと思う。これらの結果は、やはり「ヒトの脳は、生物の『習性・生態』に特に敏感に反応するという特性がある」という仮説を支持するものなのだ。

ちなみに、ここまでお話ししてきたことは、日本では、北海道の旭山動物園が先陣を切るようにして、全国の**動物園や水族館で「生態展示」**が行なわれるようになった現象（世界ではかなり前から生態展示という考え方は普及していた）ととてもよく合致していると私は思う。

ヒトの脳は、野生生物それぞれが有している個別の習性・生態にとても興味を感じるようにできているのだ。動物園や水族館が、それぞれの動物の本来の習性・生態をよく見せてくれる場所になると、**魅力は急上昇するのだ。**そしておそらく、今後、この流れは植物園にも波及するだろうと私は思っている。

さて、最後に私は、本章で述べた動物行動学の視点をふまえて、学校での教育方法について**一つ提案したい**と思う。それは、私が高校で生物を教えていたときも、そして現在、大学で生物に関する授業をしているときも実践していることなのだが……。つまり、実践もふまえた提案、ということだ。

それは次のような提案だ。

「生物に関連した授業を、野外に出て行なう場合にも、室内で行なう場合にも、伝えたい内容は、それぞれの生物の生活（習性・生態）とからめて提示するほうが、深く届く」

私は高校で一〇年以上、生物の授業を行なってきた。そして、動物行動学の視点からの学習を意識しはじめてからは、指導書などでは（スペースの関係などもあったのだろうか）生物の生活とは切り離されて手順が組み立てられていた実習を、できるだけ、使用するそれぞれの**生物の生活とのかかわりを意識させるような組み立て**にして実施していた。

たとえば、植物の細胞で見られる「原形質分離」と呼ばれる現象の観察は、高校の生物実習の定番だった。

原形質分離は、植物細胞の細胞壁と細胞膜の性質の違いによって起こる現象だ。セルロースを主体にした比較的厚くてしっかりした構造の細胞壁は「全透性」（水も、水に溶けた溶媒も通過させる）、脂質を中心とした薄くて柔軟性のある細胞膜は「半透性」（水は通過させるけれど、溶媒は通過させない）という性質をもっている。

細胞を、細胞膜内の溶媒の濃度以上の濃度の蔗糖《しょとう》溶液にひたすと、（細胞内外で溶媒の濃度が等しくなるように物質の移動は起こるため）細胞内部の水が外に移動し、細胞の体積はだんだん小さくなる。このとき、細胞膜で囲まれた内部（原形質）は柔らかいので、素直に体積が減るが、（もともとは細胞膜にくっついている）細胞壁のほうは変形しにくいので、原形質の体積の減少についていけず、ある程度収縮すると、細胞膜と離れ、もとの大きさにもどってしまう。

この状態を顕微鏡で観察すると、細胞壁という額縁のなかに、小さくなった原形質が存在するといった像が見える。これが原形質分離の状態だ。

実習では、しばしばユキノシタの葉の裏面の細胞を使い、その一部をはぎとって、さまざまな濃度の蔗糖溶液にひたし、どの濃度のときに、原形質分離が起こるのかを調べる（そのときの蔗糖溶液の濃度が、〝通

ユキノシタの葉。裏の細胞を使って原形質分離を観察する

常状態のユキノシタの細胞内部の溶媒濃度〟ということになる）。

二〇年近く前、高校で広く使われていた指導書では、実習の目的として、「①原形質分離を観察することによって、細胞壁と細胞膜の性質を知る。②原形質分離が起こりはじめる蔗糖溶液の濃度を特定することによって、通常状態でのユキノシタの細胞内部の溶媒濃度を知る」という内容があげられていた。でも私は、そこには、**生きた植物の生活の香り**がなく、それを加えることによって生徒の興味を高めようと考え、次のような工夫をしていた。

⑴**春〜秋のユキノシタ**の細胞内の溶媒濃度を調べておき、**冬のユキノシタ**の細胞内の溶媒濃度の値をまた調べ、両者の値を比較してもらう。そうすると、たいてい、後者の値のほうが高くなる。そして、その理由を考えてもらい、「それは、低温の冬、細胞内の溶媒濃度を上げておけば、凝固点が下がり、細胞が凍結しにくくなるためではないか。つまり、ユキノシタという植物の、低温への適応ではないか」という仮説に導く。

⑵同じ季節でも、ユキノシタと、**浜辺の潮風にあたる場所に生息するハマヒルガオやハマナス**とでは、細胞の溶媒濃度が異なる（ハマヒルガオやハマナスのほうが高い）ことを、実験や資料によって確認してもらう。そして、その理由を考えてもらい、「それは、塩分濃度の高い液体にさらされても原形質分離を起こしにくくするためではないか。つまり、ハマヒルガオや

ハマナスという植物の、潮風への適応ではないか」という仮説に導く。

そのほかにも、それぞれの生物種の適応的な生活様式を意識させながら、生物現象を学習してもらう実習をいろいろ考えた。

当時、所属していた岡山県高等学校教育研究会理科部会の会誌や生物学専門誌に、「〝生物の生活〟を背後に感じさせる生物実習の開発」という記事を書き、そのなかで、ヤドカリやシロアリ、ワラジムシなどの、それぞれの**動物の生活にそった行動を題材にした実習**を報告した。

余談だが、当時、私は、「生物に関連した授業を、野外に出て行なう場合にも、室内で行なう場合にも、伝えたい内容は、それぞれの生物の生活（習性・生態）とからめて提示するほうが、深く届く」ということを認識してはいなかった。ただ、直感的、また経験的に、そういったことがとても重要であると感じていたのだ。

そんななかで、（冒頭にもお話ししたが）故・日高敏隆先生（当時、京都大学教授で、日本動物行動学会の初代会長をされていた）がよく言われていた言葉にとても共感していたことも、私を、「〝生物の生活〟を背後に感じさせる生物実習の開発」の方向に向かわせたのだと思っている。

日高先生は、ＤＮＡ（遺伝子の本体）の構造や働き方の一般的法則の解明のような、分子生物学的研究こそが生物学を進展させるという当時の風潮のなかで、たえず、次のような内容の主張をされていた。

「確かにＤＮＡはとても重要ではあるけれど、生物についての理解を深めるうえで、それにも劣らず重要なことは、地球上のじつに多様な生物が、独自のＤＮＡ暗号を進化させて、さまざまな生活環境に適応している、その実態である」

今にして思えば、それは、ヒトの脳の特性にもとづいた、われわれが生物を理解することの本質に合致した卓見であったと思うのだ。

以上で、以下の表題の説明のノルマがやっと終わった（と思うのですが、どうでしょうか）。

ヒトの脳は、生物の「習性・生態」に特に敏感に反応する

第6章
古民家にヤギやカエルとふれあえる里山動物博物館をつくりませんか?

ヒトの心身と自然と文化の切っても切れないつながり

二〇一七年春のことである。

三年生になる私のゼミのＷくんは、鳥取市で、もう三〇年以上も前に構想された（でも結局実現しなかった）**「カエル博物館」**の話にかなり心を動かされたらしい。

話は、その二年前に、私が、当時三年生だったゼミ生のＹｓくんに手伝ってもらってつくり上げた里山生物園（最初は遠慮してミニ里山生物園と呼んでいたが、そのうちミニをつけるのが面倒になり、水槽も増えて……）にまでさかのぼる。

里山生物園は、私が勤務する公立鳥取環境大学が駅前のビルの三階の一室に置いたサテライトキャンパス「まちなかキャンパス」の一角にある。そのサテライトキャンパスを開いたとき、**鳥取の里山の水辺を再現した場**をつくりたいと私が提案したのだ。

里山生物園をめぐっては、これまで、私にとっては**忘れられないさまざまな出来事**があった。

Ｙｓくんと大学の近くの、里山の典型みたいな川辺に行ってメダカやドジョウ、カワニナ、アカハライモリ、そしてトノサマガエル、ツチガエルをとった。もちろん、水際のアシや岸の植物も、土と一緒に持ち帰った。なにせ水辺の生態系を再現しようというのだから。

ビルの三階にそれらを運ぶのは、そして、部屋のなかでそれらを組み合わせて大型水槽のなかで生態系をつくるのは一苦労だった。

作業は、部屋の一角に広いシートを敷いて行なったのだが、それでもシートからはみ出して床のカーペットに土が落ちることもあった。そんなときは急いで水をかけ、ティッシュペーパーでふきとって**〝なかった〟ことにした。**

やがて、私の研ぎすまされた自然認知センスも大いに活動し、生態系のパーツは少しずつ組み上がり、見事な「里山の水辺」が姿を現わしてきたのだった。

水のなかでは、上層をメダカが、底面をドジョウが動きまわり、その間をアカハライモリがきれいな尾をはためかせながら行き来した。陸上では、シダやコメツブウマゴヤシ、チドメグサなどのなかを、トノサマガエルやツチガエルがそれぞれ独自の習性にしたがって活動した。水槽の一番奥ではコナラの幼樹が背景を飾った。**すばらしい。**

もちろん、やがて**予期しなかった問題**も一つ、また一つと現われてきた。

たとえば、石やレンガも巧みに使いながらつくり上げた水辺であったが、陸地の土の微粒子がわずかに水場に流れ出し、透明だった水がうっすらと濁りはじめた。

私はそんな問題にも、**天性のひらめきと天才的なごまかし力、**試行錯誤の努力を繰り返し、一つひとつ解決していった。

Ｙｓくんや、その後里山生物園に参加してくれた後輩と一緒に、イベントもいろいろやった。

地域の小学生たちに来てもらって、里山生物園を眺めながら動物たちや生態系について解説したり、それらの動物たちを使って実験も行なったりした。

そんなとき動物たちの主役になったのは、われわれスタッフにもよく慣れ、われわれが水槽に近づくと、**「餌、くれるの？」**とばかりに草むらから出てくるトノサマガエルだった。やが

大型の水槽のなかに、里山の水辺を再現した里山生物園

てそのトノサマガエルには**「キョロちゃん」**という名前がつき、イベントの実験でも活躍してくれた。

さて、そんな里山生物園に、あるとき、鳥取県を代表する生物研究者のお一人であるK先生が、訪ねて来られた。

K先生は、植物、動物にとても詳しく、鳥取県の生物教育に多大な貢献をされてこられた方だ。そんなK先生が時々里山生物園を訪ねて来られるようになり、学生スタッフにいろいろ話をしてくださるようになったのだ。そしてあるとき、次のような、**夢のある（あった）話がK先生の口から語られた。**

トノサマガエルのキョロちゃん。われわれスタッフによく慣れ、水槽に近づくと、「餌、くれるの？」とばかりに草むらから出てきた

もう三〇年以上も前になる。当時、鳥取市の市長さんは農学部出身の方で、鳥取市にカエル専門の博物館（生きたカエルもたくさん展示する）をつくる計画を議会に提案されたそうだ。K先生もその実現に大いに期待されたそうだが、しかし、議会であえなく、その構想は水面下のまま埋没してしまったという。

里山生物園でそんな話が出たのも、そこにキョロちゃんがいたことに関係していたことは想像に難くない。

そしてそのとき以来、Wくんは、「カエル博物館」のことをしっかり胸にとどめていたのだろう（〝カエル〟というくらいだから、**いつかは水面下から浮上して姿を現わすにちがいない、**と思っていた、………かどうかはわからないが）。

あるとき、Wくんが私の研究室にやって来て、もう一度、K先生から「カエル博物館」について話を聞きたい。どうすればそんな流れをつくっていけるのか聞いてみたい、というのだ。

私はすぐK先生に電話をした。K先生は快くWくんの希望を聞き入れてくださり、都合がつく日を教えてくださった。そしてWくんはめでたくK先生から、「カエル博物館」の話が（実現こそしなかったが）生まれて、進行していった経緯を聞くことができたのだ。

一方、**ちょうどそのころ**である。

私は、大学で地域活性化について学生も巻きこんだすばらしい実践をされていたI先生から次のような相談を受けた。

（I先生が）大学の近くの集落の有志の方々から、所有者の方が市内のマンションに移られて空き家になっている**古民家を、地域の活性化につながるような形で使ってもらえないだろうか**という依頼を受けた。ついては環境学部で何かよいアイデアはないでしょうか、と。空き家は庭つきで結構大きく、部屋もたくさんあるらしい。かなり立派な造りで、所有者の方は時々もどられて家のなかに風を通されたり、庭の草を抜いたりされているということだ。つまり、今すぐにでも使える状態にある。

まー、そういった内容の相談だった。

研究室でI先生からそんな話をお聞きしながらしばらく懸命に考えていた私の脳裏に、一つのアイデアが、**水中から水面上に浮かび上がるカエルのよう**に湧いてきた。

読者のみなさんも、もうおわかりだろう。

そのアイデアとは、その**古民家の一室に「カエル博物館」**をつくったらどうだろうか、というものだった。

I先生にそんなアイデアを話したら、I先生は**「へー、それは面白いですねー」**と笑顔で言われ、しばらくそのアイデアの内容についてやりとりをしたあと、「今度是非、家を見に来てください」ということになった。

多忙な毎日で、なかなか学生たちと一緒に過ごせる時間もなくなっていた私だったが、そのときは、子どものように、「カエル博物館」の構想が脳内を駆けめぐり、とても楽しい気分になった。Wくんも喜ぶにちがいないと思ったのだ。

空き家になっている古民家。地域の活性化につながるような形で使ってもらえないだろうかという依頼がI先生のもとへあった

三〇年以上も前に市議会に提出された、夢のある計画が、こういうささやかな形で今からでも水面から姿を現わせば、それはなんだかうれしいではないか。

そして、**私の妄想はそれでは終わらなかった。**

I先生が研究室から出て行かれたあと、しばらくして、ヤギ部部長のNgさんが入ってきた。何の用件だったかは忘れたが、Ngさんが私に「つくりました」と言って、ヤギのカレンダー（五月分）を持ってきてくれた。

そこには、ペロッと舌を出したクルミという名のヤギの顔があった。

ここで「カエル博物館」はできないだろうか。庭にヤギを放して、来館者がふれあう。鳥ルームをつくってもいいな……と妄想はふくらんでいく

そして、Ｎｇさんが言うには、「ヤギ部では今、ヤギグッズ（ヤギをモチーフにしたキーホルダー、コースターなどの小物）をつくって販売したいという声が多くなっています」ということだった。

私の妄想？

……古民家の庭でヤギが草を食《は》み、来館者が縁側に座ってそれを見ている。子どもたちはヤギにさわりたがるだろう。スタッフはヤギの習性について話しながら、子どもたちに、ヤギにストレスを与えることなく接する術《すべ》を伝えていく。

　それが一段落すると、今度はヤギ・ルームに移動し、そこで学生たちがつくったヤギグッズや、ヤギについてのアカデミック

Ｎｇさんが持ってきてくれたヤギのカレンダー。そこで私の妄想はさらにふくらんだ

な写真解説ポスターや動画に接する（ヤギの知られざる習性について知って**ヤギの魅力がさらにアップし↓**ヤギグッズの一つや二つ、買わずにいられようか！）。

さらにさらに、私は思い出すのだった。

そういえば、数日前、生物部の部員で鳥好きのＫさんが研究室にやって来て、**「鳥部（！）を立ち上げたい**ので先生、顧問になってください」と言っていたなー。

その場で了解して、励ましてあげたけど、古民家に鳥ルームがあったり、**庭にニワトリやウズラがいてもいいなー。**………ふむふむ………そしたら○×だっていいじゃないか………。

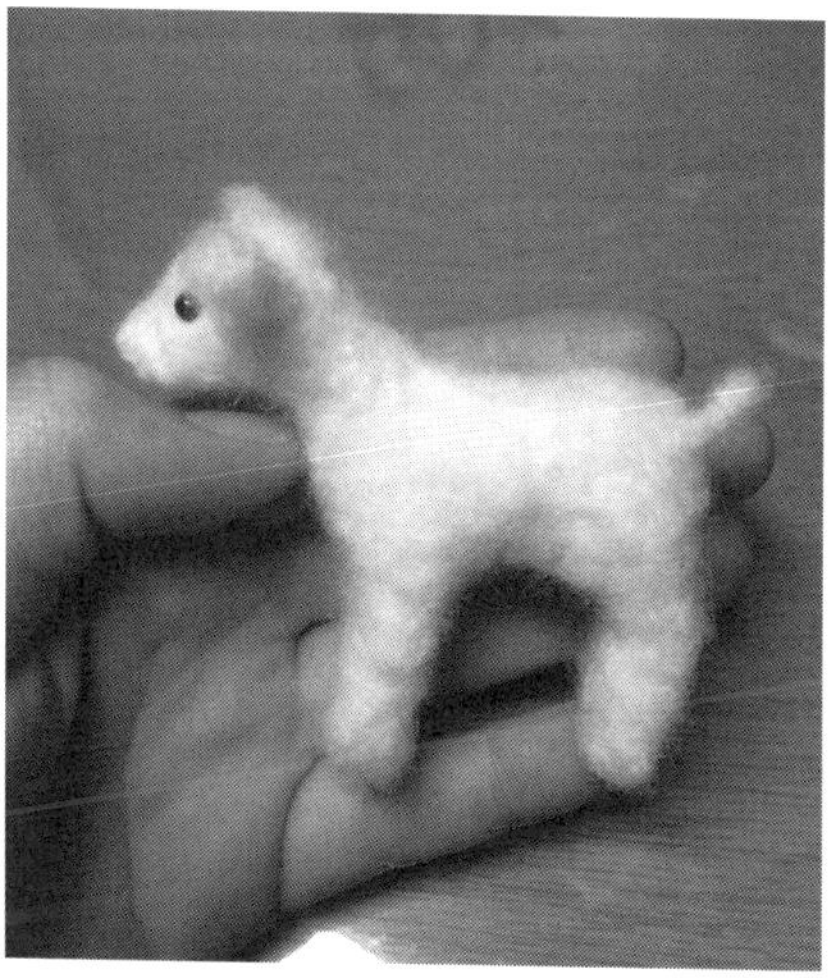

ヤギ部のMnさんがつくったヤギグッズ。こんなグッズを地域活性化のための古民家で販売してはどうだろう？

このようにして私の脳のなかには、数種類の動物たちが飛び跳ね、アカデミックな「博物館」と、動物とのふれあいを楽しめる「憩いの場」と、そしてグッズが売れる「経済の場」が一体となった、その名も「里山動物博物館」が姿を現わしてきたのだ。

よし！　面白くなってきた。何ごともまずは挑戦だ。

早速、私はI先生に連絡をとって、学生たちと一緒に古民家を見に行くことにした。

私の妄想は、今後、どうなっていくのだろうか。この本には書けなくて大変残念だ（まー、そのほうがちょうどいいのかもしれない。ウントモスントモイキマセンデシタ、ということになるかもしれないからだ）。

ところでみなさんのなかには、ここまで読んでこられて次のように思われる方もおられるかもしれない。

本章のサブタイトルの「ヒトの心身と自然と文化の切っても切れないつながり」はどこへいったのか？

いやいや心配ご無用。「里山動物博物館」の話は、まさに、このタイトルとぴったり合うのだ。このサブタイトルのために起こった事象と言ってもいいくらいだ。まー先を読んでいただきたい。

まずは、われわれホモ・サピエンスの眼を構成する「視細胞」の話からだ。

視細胞とは、眼の網膜を構成する、光を受容して興奮する感覚細胞だ。

視細胞には、「色」の識別に関係する錐体《すいたい》細胞と、色の識別ではなく明暗だけ（つまり明るさの度合いだけ）を識別できる桿体《かんたい》細胞がある。そして、桿体細胞は光に対して錐体細胞より敏感に反応し、光量が少ないとき、つまり暗いところでも対象を認知することを可能にしてくれる。

したがってわれわれホモ・サピエンスは、日中、光が強いときは錐体細胞が働いて、物の色を感じることができるのだが、夕方になって光量が減ってくると、桿体細胞しか働かなくなるから、白黒の世界で物を認知するようになってくるのだ。

ところで、ホモ・サピエンスの桿体細胞や錐体細胞が反応する光は、「電磁波」と総称される物理的現象の一種であり、電波も放射線もすべて電磁波である。電磁波のなかで、その波長が比較的長いものが電波、短いものが放射線などで、われわれが「光」と呼んでいるのはそれらの中間の波長の電磁波なのである。

また光の〝色〟は波長の長さによって決まり、ホモ・サピエンスの脳は七〇〇nm（ナノメートル）くらいを赤色、四〇〇nmくらいを紫色、そしてそれらの中間、五五〇nmくらいを緑色と感じるようにできている。

そして、**……ここからが重要なのだが、**下の図に示したように、桿体細胞も錐体細胞も、ホモ・サピエンスが色として感じる四〇〇〜七〇〇nmの波長の電磁波（＝可視光）のなかで、五五〇nm付近の光に最も敏感に反応することがわかっている。つまり、その波長の光は、弱くても（振幅が小さくても）細胞が興奮するのだ。

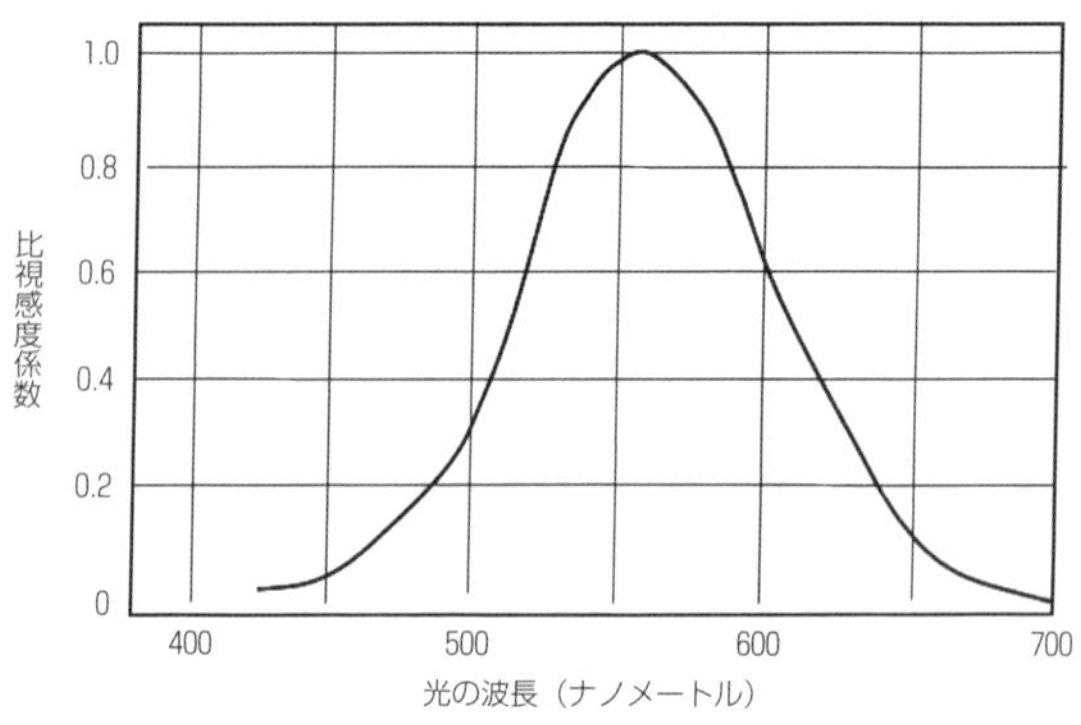

視感度曲線（『ヒトと緑の空間――かかわりの原構造』〈品田穣、東海大学出版会、2004〉をもとに作成）

さらに、錐体細胞が働いてわれわれに意識させてくれる「色」について言えば、次のようなことが知られている。

緑色を認知すると（ほかの色を認知したときと比べ）、血圧や心拍数、筋肉の緊張、脳波などといった面で〝リラックス〟した状態になりやすいことが世界各地のホモ・サピエンスで知られている。

いうまでもなく**「緑（色）」は、植物の色**であり、**植物の存在は「水」や「食べ物」、「隠れ家」**といった、ホモ・サピエンスの生存・繁殖に有利に働く状況の信号である。その信号を敏感に感知し、心身をリラックスさせることもまた生存・繁殖に有利だと考えられる。

そしてこのような「ヒトの心身と自然とのつながり」は、現代のわれわれの文化にさまざまな影響を与えていると思われる。

たとえば、交差点で交通整理をする信号機の三色の意味である。「安全だ。進んでいいよ」を示す色はどこの国でも〝緑〟だ。

次にあげる「ヒトの心身と自然とのつながり」は、**〝恐怖を感じる脳の特性〟**とそこから生まれる文化……だ。

ホモ・サピエンスも含めた動物にとって、恐怖を感じることは生存・繁殖にとって大切なことである。それらは危険な事物から逃げたり、隠れたりする行動をうながし、自分や子どもたちの身を守ることにつながるからだ。

では、**どんな状況で恐怖を感じればよいのだろうか。**それは、生存を危うくするような自然現象、場所、生物に遭遇したときである。そして、ホモ・サピエンスが誕生して生きてきた約二〇万年の間に、ヒトの脳がそのようなプログラムをもつように進化していたとしたら、ホモ・サピエンスにとっての本来の環境で遭遇する危険な対象……それはつまり次のような対象だと推察される。

高所（落下の可能性）、水流、雷、暗闇、閉所（閉じこめられる可能性）、そして肉食獣、ヘビ、毒グモなどである。未開の自然民が生きる世界中の地域を調査し、すぐれた学術論文や著作を多数残している著名な動物行動学者ジャレド・ダイアモンドによれば、高所（たとえば木の上）から落ちたり、ヘビに咬まれて死亡したりするケースは、実際、自然民の死亡原因のなかで大きな割合を占めるという。

一方、現代、医学の分野で**「特定恐怖症」**という精神疾患に分類されている症状を引き起こす主要な対象は、まさに、**高所、水流、雷、暗闇、閉所、猛獣、ヘビ、クモ**なのである。

しかしよく考えてみると、少なくとも現代の先進国の日常において、病気をのぞいた場合の死亡原因は、自動車事故、ナイフによる死傷、感電死、（アメリカでは）銃などが圧倒的に多い。もし学習などによって恐怖症（意識ではコントロールできない自律神経の興奮により起き、心拍が増加したり汗が出たりするなどの症状をともなうことが多い）が引き起こされるとしたら、自動車などに対して発症してもよさそうなものではないか。でもそういった例は稀である。特定恐怖症は、本来、ヒトに備わっている恐怖に関する脳内プログラムが平均レベルより高い場合と考えられるので、これらの事情を総合すると次のような推察が妥当である。

われわれの脳内には、ホモ・サピエンス本来の生活環境に合致し、適応した**「恐怖」発現プログラムが遺伝的に備わっている。**

ちなみに、これは私の仮説なのだが、世界各地で人びとを怖がらせる**「幽霊」とか「お化け」**は、高所、水流、雷、暗闇、閉所、猛獣、ヘビ、クモをうまく組み合わせて創作された**〝恐怖引き起こし集合体〟**なのではないだろうか。

日本が誇るこわーい幽霊「貞子」（鈴木光司のホラー小説『リング』『らせん』などに登場す

る人物）は、暗闇のなか、狭ーくて深い（高い）、水のたまった井戸（閉所）のなかから現われる。恐怖症の原因に、ヒトの死亡に強く関係する「憎しみ」と「（自分では対処できない）不可解さ」が加わったのが貞子なのである。

幽霊やお化けもまた、「ヒトの心身と自然とのつながり」が深く関係する文化とみなすことができると思うのだ。

さて、最後にあげる「ヒトの心身と自然とのつながり」は、**「動物を、近くで眺めたい、ふれあいたい」**という欲求の心理とそれを反映した文化である。

読者のみなさんは、現代ホモ・サピエンスで起こっている次のような事実をご存じだろうか？

・アメリカやカナダでは、動物園や水族館を訪れる人の数が、すべてのプロスポーツのゲームの観衆を合わせた数よりずっと多い。（E・O・ウィルソン『生命の多様性Ⅱ』岩波書店）

・アメリカではペットを飼う家庭が六九〇〇万世帯（これはアメリカ全世帯の六三パーセントにあたる）もあり、この状況はオーストラリアやイギリスでも同じである。日本ではペットとして飼われるイヌの数は、二〇一〇年現在の一二歳未満の子どもの数を超えている。（パット・シップマン『アニマル・コネクション――人間を進化させたもの』同成社）

また、動物をテーマにした映画やノンフィクション番組は多くの人びとに歓迎されるし、パソコンの壁紙やツイッターなどのSNSでプロフィール画像に動物の写真を使う人はとても多いようだ。

現代人の、「ペットを飼いたい、動物にふれあいたい」という心理が強い理由の一つは、（私の推測であるが、）それらの動物が発する、本来、ヒト同士で交わされる〝かわいらしさ〟や〝自分への従順さ〟〝信頼関係〟といった心地よい信号をペット動物たち（イヌやネコ、ウサギ、ハムスター………）がもたらしてくれるからではないかと思う。

たとえば、**大きな目**（ウサギやイヌ、ヒョウモントカゲモドキなど）、**ぎこちない歩き方、動き方**（ハムスターやペンギン、ウーパールーパーなど）は、**ヒトの幼児の特性**であり、それらを見ると、**ヒトの体内で、愛情心理の上昇**といった働きをもつホルモン「オキシトシン」が増えることが最近の研究で明らかになっている。

あるいは、家に一緒にいて、自分を頼ってくれたり、かまってくれたりするイヌのような動物の行動は、家族の行動の特性でもあり、それは本人に心地よさや安心感を与えたりするだろう。

ただし、このような、ある意味で誤解された（たとえば、脳は、ウサギの大きな目の顔を幼児の顔と勘違いしている）信号ゆえではなく、ヒトには、ヒトとは異なる種としての他の動物とのふれあい（観察や接触）を求める心理が生得的に備わっている、と考える研究者は多い。たとえばアメリカの古人類学者パット・シップマンは、著書『アニマル・コネクション——人間を進化させたもの』のなかで、ヒトが動物たちに対して示す関心の高さや、動物とのふれあいが血圧や免疫活性などの面で人間に及ぼす好ましい影響などをふまえながら、（人による）〝ペットへの愛好は遺伝的基盤をもつ〟心理であろうと述べている。

確かに、人が愛好することを望むペットのなかには、かわいらしさや従順さなどを示す動物ではないものもたくさんいる。ツノガエル（見方によってはかわいいのだろうか……）などのさまざまな種類の両生類、爬虫類、魚類、昆虫類、クモ類、甲殻類……などなど。でも、それらをペットとして飼いたいと思うホモ・サピエンスはたくさんいるのだ。

一方、こういった問題について、私のような動物行動学者は、次のように問わないわけにはいかない。

〝動物への愛好心理（観察・ふれあい欲求）〟は、ホモ・サピエンスの生存・繁殖に、どのように有利に作用したのか？　別な言い方をすれば、それをもつホモ・サピエンスのほうが、もたないホモ・サピエンスより生存・繁殖しやすかったと考えられるのか？……と。

率直に言えば、私も、ヒトの脳内（第３章でお話しした生物認知専用領域と重なる領域）には、〝動物への愛好心理〟をつかさどる生得的なプログラムが存在すると思う。もちろんそのプログラムは、生後、さまざまな体験とともに強められたり、場合によっては弱められたりするような性質のものだと考えられるが……。

そして、〝動物への愛好心理〟は次のような、生存・繁殖への有利さをもっていたのだと推察する。

最も重要な、生存・繁殖への有利さ、それは、

「動物の習性を知ることが、自然のなかで生きる糧《かて》を得、危険から身を守り、周辺の環境の特性を知ることにつながる」

ということだと思うのだ。

たとえば、ある種類のカエルが、草原の一枚の葉の上にいたとしよう。あるホモ・サピエンスは、そのカエルに特に関心を示すことなく通り過ぎるだけだった。一方、ある別のホモ・サピエンスは、〝動物への愛好心理の神経プログラム〟をしっかり備えた個体であり、カエルに目をやり色や体の特徴、跳んで逃げる様子、水に跳びこむ様子などを関心をもって記憶にとどめた。

さて、そんな出来事が繰り返し繰り返し何カ月、何年にもわたって続いたとしよう。自然のなかで狩猟採集生活を送るホモ・サピエンスでは、**どちらの個体のほうが生存・繁殖に有利にふるまえた可能性が高いだろうか。**

それは後者の、つまり〝動物への愛好心理の神経プログラム〟を備えた個体のほうだっただろう。その個体は、カエルをはじめとしたさまざまな野生生物の、種類や行動特性を知っているから、たとえばその動物が捕獲の対象になったとき、高い捕獲成功率をおさめただろう。あるいは、ある動物の存在から、近くに水場があることを予想し、水が必要になったら周辺を探して、より高い確率で水場を発見することができたかもしれない。

もちろんこのような状況は動物に限らず、自然のなかのどんな対象に対しても言えることだと思われるが、動物は特に大量の情報を与えてくれ、食料や危険物といった意味でもホモ・サピエンスにとって特別な存在だっただろう。

社会生物学という動物行動学と重なる学問分野を確立した〝現代の知の巨人〟ハーバード大学のＥ・Ｏ・ウィルソンは、『バイオフィリア――人間と生物の絆』（平凡社、狩野秀之訳）のなかで、ヒトの生物への関心の正体について、その一面を次のように表現している。

そもそも、他の可能性などありえただろうか？　ヒトの脳は、ホモ・ハビリスの時代から石器時代後期のホモ・サピエンスに至る約二〇〇万年のあいだに、現在のかたちに進化してきた。その間、人々は狩猟採集民として群れ《バンド》を作り、まわりの自然環境と密接な関係を保って暮らしていた。（中略）その時代には、「ナチュラリストの恍惚《トランス》」は適応的な価値を持っていた。草のなかに隠れている小動物を見つけられるかどうかで、その晩の食事にありつけるか、腹を空かせたままでいなくてはならないかが決まるのである。未知の怪物や這い寄ってくる生き物を前にしたとき覚えるこころよい恐怖の感覚、背筋がぞくぞくするような魅惑は、人々を明日の朝まで無事に過ごさせてくれたことだろう。そうした感覚は、現在の不毛な都会のただなかに住むわれわれでさえ感じることができる。

そうなのだ。

ヒトが、自然から離れた場所で日々を過ごす状況がますます進行する現代社会にあって、ホモ・サピエンスの脳は、**動物を観察し、ふれあうことに**（もちろん個人差はあるが）、**飢えているの**ではないだろうか。

都会化が進めば進むほどその飢えは増し、動物園や水族館、ペットショップといった文化の人気を押し上げるのではないだろうか。キーホルダーやマグカップのモチーフ、プロスポーツチームのマスコットなどに動物たちが使われることが多いのも偶然ではないだろう。

さて、本章を終わるにあたり、里山動物博物館が「ヒトの心身と自然と文化の切っても切れないつながり」とどう結びつくのか、わかっていただけただろうか？

学生たちと私の脳内の「動物への愛好心理（観察・ふれあい欲求）」プログラムが里山動物博物館の構想へと誘うのである。

もちろんそこには、心身の健康な成長に必要と思われる「動物への愛好心理（観察・ふれあい欲求）」の発露を、来館された人たちに体験してもらいたい、また、それを通して、自然環境の大切さに思いを馳せる体験をしてもらいたい、というわれわれの思いがある。

乞うご期待、である。

著者紹介

小林朋道（こばやし ともみち）

1958年岡山県生まれ。

岡山大学理学部生物学科卒業。京都大学で理学博士取得。

岡山県で高等学校に勤務後、2001年鳥取環境大学講師、2005年教授。

2015年より公立鳥取環境大学に名称変更。

専門は動物行動学。

著書に『絵でわかる動物の行動と心理』（講談社）、『利己的遺伝子から見た人間』（PHP研究所）、『ヒトの脳にはクセがある』『ヒト、動物に会う』（以上、新潮社）、『なぜヤギは、車好きなのか？』（朝日新聞出版）、『進化教育学入門』（春秋社）、『先生、巨大コウモリが廊下を飛んでいます！』をはじめとする、「先生！シリーズ」（築地書館）など。

これまで、ヒトも含めた哺乳類、鳥類、両生類などの行動を、動物の生存や繁殖にどのように役立つかという視点から調べてきた。

現在は、ヒトと自然の精神的なつながりについての研究や、水辺や森の絶滅危惧動物の保全活動に取り組んでいる。

中国山地の山あいで、幼いころから野生生物たちとふれあいながら育ち、気がつくとそのまま大人になっていた。1日のうち少しでも野生生物との“交流”をもたないと体調が悪くなる。

自分では虚弱体質の理論派だと思っているが、学生たちからは体力だのみの現場派だと言われている。

ツイッターアカウント @Tomomichikobaya

先生、脳のなかで自然が叫んでいます！

鳥取環境大学の森の人間動物行動学・番外編

2018年 9 月 7 日　初版発行

著者　小林朋道
発行者　土井二郎
発行所　築地書館株式会社
〒104-0045
東京都中央区築地7-4-4-201
☎03-3542-3731　FAX 03-3541-5799
http://www.tsukiji-shokan.co.jp/
振替00110-5-19057
印刷製本　シナノ印刷株式会社
装丁　阿部芳春

ISBN978-4-8067-1566-5

大好評　先生！シリーズ

先生、洞窟でコウモリとアナグマが同居しています！

[鳥取環境大学]の森の人間動物行動学

小林朋道［著］ 1600 円＋税

雌ヤギばかりのヤギ部で、新入りメイが出産。
スズメがツバメの巣を乗っとり、
教授は巨大ミミズに追いかけられる。
教授の小学２年時のウサギをくわえた
山イヌ遭遇事件の作文も掲載。
自然児だった教授の姿が垣間見られます！

先生、イソギンチャクが腹痛を起こしています！

[鳥取環境大学]の森の人間動物行動学

小林朋道［著］ 1600 円＋税　◎２刷

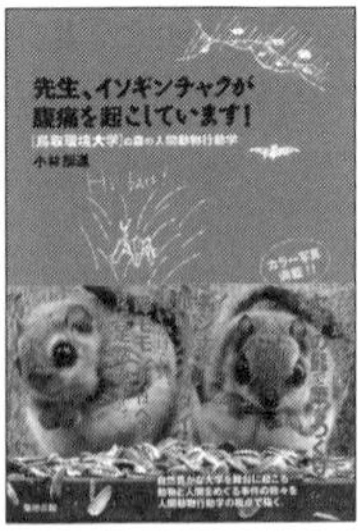

学生がヤギ部のヤギの髭で筆をつくり、
メジナはルリスズメダイに追いかけられ、
母モモンガはヘビを見て足踏みする……。
カラー写真満載。

価格・刷数は 2018 年 7 月現在
総合図書目録進呈します。ご請求は下記宛先まで
〒 104-0045　東京都中央区築地 7-4-4-201　築地書館営業部
メールマガジン「築地書館 BOOK NEWS」のお申し込みはホームページから
http://www.tsukiji-shokan.co.jp/

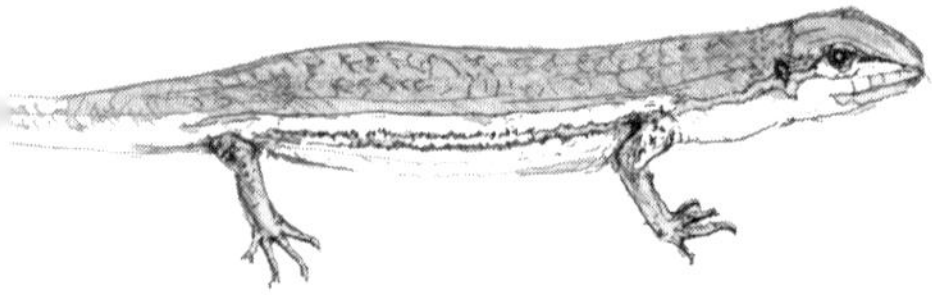